全球企業花大錢
諮詢必學的

流行商機課

Fashion Trend Forecasting

教你用風格為品牌賺錢的
方法論 & 必備指南

蘇威任・王淑玫──譯

Gwyneth Holland・Rae Jones

原點

全球企業花大錢諮詢必學的流行商機課

善用時代精神，教你用風格為品牌賺錢的方法論＆必備指南
（原書名：跟著潮流預測權威 WGSN，抓緊流行商機，把生意做起來）

作　　者　葛妮絲・荷蘭Gwyneth Holland、芮・瓊斯Rae Jones
譯　　者　蘇威任、王淑玫
封面設計　白日設計
內頁構成　詹淑娟
執行編輯　柯欣妤
行銷企劃　王綬晨、邱紹溢、蔡佳妘
總編輯　　葛雅茜
發行人　　蘇拾平

出版　　原點出版 Uni-Books
　　　　Facebook：Uni-Books 原點出版
　　　　Email：uni-books@andbooks.com.tw
　　　　105401 台北市松山區復興北路333號11樓之4
　　　　電話：（02）2718-2001　傳真：（02）2719-1308

發行　　大雁文化事業股份有限公司
　　　　105401 台北市松山區復興北路333號11樓之4
　　　　24小時傳真服務 （02）2718-1258
　　　　讀者服務信箱 Email：andbooks@andbooks.com.tw
　　　　劃撥帳號：19983379
　　　　戶名：大雁文化事業股份有限公司

初版一刷　2022年2月

定價　　440元
ISBN　　978-626-7084-04-5

Fashion Trend Forecasting

國家圖書館出版品預行編目(CIP)資料
全球企業花大錢諮詢必學的流行商機課/ 葛妮絲・荷蘭Gwyneth Holland, 芮・瓊斯Rae Jones著；蘇威任, 王淑玫譯. -- 初版. -- 臺北市：原點出版：大雁文化發行, 2022.02　160面；17×23公分　譯自：Fashion Trend Forecasting
ISBN 978-626-7084-04-5(平裝)
1.行銷策略 2.品牌行銷
496　　　　　　　　　　　　　　　　　　　　　　　　　　110022515

目次

Introduction 前言

趨勢預測在時尚產業裡已經是一門廣泛應用的技能，卻鮮少被認真研究過，它著眼於消費者當下的行為和穿著，研擬出未來幾個月、幾年裡他們可能會喜歡什麼和穿著什麼。

流行趨勢預測之所以存在，目的是協助品牌業者和零售商預期他們的設計方向和銷售方向，以降低風險，減少不必要的勞力和成本支出。趨勢預測也能夠讓你比目標消費者保持些微領先，提前瞭解客戶的意向，有能力提供合意的、令他們振奮的時裝，進而贏得客戶的忠誠。

我們將在本書裡演示預測流行趨勢的要訣。我們會探討如何孕育一則妥善研究的趨勢：從蒐集靈感，展開研究，匯整出清晰而有效的資訊，推展成為一則流行趨勢。

作為一名趨勢預測師，一旦有來自邊緣文化的想法被主流消費者所接納，就必須學會立刻感知到這個變化，然後要說得出消費者期待從這種現象裡獲得什麼。預測師必須隨時留意時代精神的演變，瞭解這種變化如何影響到他們所針對的消費者，也就是，消費者想要擁有什麼樣的產品。

我們預備引導你認識其中的過程，學習如何善用時代精神，並在培養直覺和整理想法上給予提綱挈領的方針，當然也少不了追蹤趨勢演化的要訣，從最初的靈感發想到具體產品的產出。有一點必須提醒的重點是，預測跟預言不一樣，凝視未來向來難做到十足精準，但是任何花工夫做出的預測，都有助於形塑你在設計、產品開發和品牌形象的未來方向。

鎖定趨勢（to spot trends）在當前已屬於不可或缺的能力，不論是時尚產業或生活風格產業的各個層面，從獲取原物料、販售、營運到採購與銷售管理，以至於設計和品牌行銷皆然。

我們在本書各章節裡將會一一交待必要的關鍵技能和實務做法，讓你有能力做出流行趨勢預測，甚至成為趨勢預測專家。我們採訪了時尚趨勢產業中各部門的專家，瞭解他們的歷練過程，如何成為業界翹楚，以及如何在生活中應用流行趨勢。憑藉我們多年累積的預測實務經驗，結合業界頂尖人才的專業知識和經驗，我們能夠幫助你習得趨勢的藝術和科學。

季節流行色的小塊樣布。

1

Fashion Trends Then and Now

流行趨勢：自古至今的演變

本章裡我們首先著眼於流行趨勢的過去、現在和未來。我們先檢視在不同時代裡流行趨勢如何成長發展，聚焦在其中幾項關鍵的影響因素，瞭解它們的成長和演變。然後在本章最後介紹趨勢產業的成形，從它在一個世紀前興起，到當前和未來的展望。

流行趨勢存在已久──有學者認為其源頭得以上溯至15世紀。從那時起，最初的時尚趨勢便開始影響特定的個體和族群，同時也受到技術進步和政治等外在因素的形塑。

數世紀以來，服飾風格的演化主要受統治階級的變動所驅動，諸如新君主即位或是新政權建立。在相對承平的時代，時尚有可能保持數十年不變。

時值今日，影響時尚潮流最鉅者，首推時尚專業人士，還有消費者本身期待的生活風格。我們所認知的美麗、奢華、舒適或創新，在很大程度上取決於我們的生活風格（lifestyle），而這又影響到時尚的創新和退潮。現在，拜即時性的全球網路資訊之賜，我們比以往任何時代都接觸到更變化多端的設計、生活風格和影響力──所影響的類型也比以往更多樣，這意味流行趨勢在今日也變動得更加快速。

法國的時裝插畫，1825年。

Historical view
歷史觀點

潮流作者代代不乏其人——總有人能以新穎巧妙、獨樹一格的方式來穿衣，令其他人心生效仿的欲望。我們在這裡檢視幾個不同的社會角色如何以自己的穿衣方式或選擇的生活風格推動了潮流。歷史上影響時尚的主要角色，有軍人、皇室、名流以及設計師和造型師等時尚專業人士。「趨勢」一詞在20世紀之前並未用來指稱時尚的變化或特定風格的傳播；當時這些影響者所帶出的風格，僅被稱為「時尚」或「流行」。接下來的幾頁中，我們會詳細介紹這幾類人物之所以影響趨勢潮流長達數世紀的原因和方式——以及他們如何持續發揮著影響力。

軍人的影響

作為勇敢、愛國、吃苦耐勞、職責的象徵，軍服長期以來一直影響著流行趨勢。軍裝裡的元素也經常被日常服飾所借用，作為跟成功的軍事出征或凱旋歸來征服者建立認同的一種方式，但有時也被拿來作為批判不受歡迎軍事行動的一種手段。

軍裝影響時尚趨勢的一個好例子是領巾。1618至1648年發生三十年戰爭期間，在法國部隊裡服役的克羅埃西亞傭兵會在脖子上圍著鮮豔的領巾，接下來的幾十年裡，領巾在法國蔚為流行，成為宮廷服飾和日常衣著裡不可或缺的配件。

受軍裝啟迪的潮流，經常是表達對當權者效忠的一種方式，譬如身穿有鬚穗和鈕扣的制服，代表對法國皇帝拿破崙將軍的擁戴。

在戰爭或國與國衝突期間，時裝趨勢也會採取軍裝設計的元素來展現對前線將士的支持。從「納爾遜風格」（Nelsoniana）起——以戰功彪炳的納爾遜爵士（Lord Nelson）為模仿對象的配飾、居家用品、服裝——一直到二戰期間，陸、海、空軍的圖案意象被民間一般服飾所襲用。其成果便是英國的「多功能服」（Utility dress）風格，以及在相似法令影響下的美國和其他國家的國民服。這些服裝風格呼應了同時代軍服的英挺肩線和簡潔剪裁，或是模仿海軍的條紋邊飾和水手領。

直到20世紀中葉前，英國和德國的王室子女都必須穿戴水手服，象徵國家海軍的傳統榮耀，同時也對童裝設計產生長達數十年的影響。軍裝風格仍然不斷被吸納為全新的時尚潮流，以表現強悍，實用性，或展現軍官般的氣派。

由上起順時針方向：樂手吉米‧罕醉克斯（Jimi Hendrix）在演唱會舞台上身穿經典的輕騎兵夾克；迷彩服也是流行的軍服設計，身著迷彩服代表強悍、甚至叛逆性，圖為狂街道傳教士樂團（Manic Street Preachers）的成員；水手服是王室兒童的日常穿著，也是各階層童裝的模仿對象。圖中為幼年的英王喬治六世（George VI，左）和愛德華八世（Edward VIII，右），攝於1900年。

劍橋公爵夫人的風格向來是媒體和粉絲們關切的對象，舉凡她穿戴過的服飾都成為暢銷品，像這裡戴著的廉價Zara項鍊。

皇室的影響

統治階級長期以來對於時尚風格和趨勢的傳播具有最深遠的影響。王室在過去幾個世紀裡不僅擁有絕對權力，也是社會中能見度最高的群體。在還沒有攝影術和大眾傳媒的年代，人們也許不曉得國王、王后或皇帝長什麼樣子，但光從他們的衣著排場便可一眼認出他們。君主和皇室便靠著這種方式彰顯他們的精英地位以及與社會其他階層的差異。

18世紀以前，歐洲、非洲、亞洲國家有許多時尚趨勢的源頭都可以追溯至王室。亨利八世（Henry VIII, 1491-1547）統治期間，他被形容為「全世界最懂得穿著的君主」，所開創的寬大開洞條紋袖（slashed sleeves）潮流，風靡了整個歐洲。伊莉莎白一世（Elizabeth I, 1533-1603）雍容華貴的氣質，吸引了從貴族到農民各個階層，爭相模仿她華麗的衣著、白皙的皮膚和紅褐色的捲髮。她的禮服鼓舞其他女性穿出更誇張的服裝輪廓，像是更寬大的裙擺、窄腰、高領等。

瑪麗．安東尼（Marie Antoinette, 1755-93）也許生性奢華而臭名昭彰，不過她在位期間的風格卻對法國宮廷產生極大的影響力。她是在尚未有版權問題時代的「時裝插畫」（堪稱最早的時尚雜誌形式）裡的最佳模特兒。因為她，繫腰帶薄紗連身裙（light muslin sashed dresses）風靡一時，成為後來家喻戶曉的「皇后襯裙裝」（chemise à la reine）。她的裝扮引來大批效法者，使得她必須訂製更多的奢侈禮服，打扮得更極端（譬如高聳的髮型）以持續引領風騷。時裝趨勢演替的步伐在她任職王后期間大大加速，儼然今日時裝業所面臨快速更迭情境的先行者。

其他英國君主也在統治期間創造出潮流：維多利亞女王（Queen Victoria）讓黑色變成標準的哀悼服；愛德華八世在他擔任威爾斯親王期間即衣著考究，掀起費爾島針織毛衣（Fair Isle knitwear）、紳士帽（snap-brim hat）、晚宴西裝外套、溫莎結領帶打法、和溫莎領的熱潮，當然也絕不可遺漏掉「威爾斯親王方格」（Prince of Wales check）。

儘管世界各地王室的角色都在發生變化，但這些精英分子仍然具有影響趨勢的能力。英國劍橋公爵夫人（Britain's Duchess of Cambridge，即凱特王妃 Kate Middleton）經常穿著英國中等檔次服裝或設計師品牌──通常是端莊的連身洋裝和簡單優雅的鞋子──讓這些商品在一夕之間變得炙手可熱，隨即銷售一空，就像2013年12月她脖子上戴著的Zara仿鑽項鍊。

從左到右：盛裝的伊麗莎白一世，大約1575年。從她宮廷所傳出的時尚，馬上被貴族和闊綽的臣民所模仿；穿紅跟高跟鞋的路易十四（Louis XIV），這種鞋只有貴族有權利穿戴。肖像由亞森特‧里戈（Hyacinthe Rigaud）繪製，1701年。

Sumptuary laws 奢侈法

過去幾個世紀裡，「奢侈法」規定只有貴族才得以穿戴的特定顏色或材料。這些規定左右了服裝潮流會以何種方式蔓延到較低階的社會族群。

* 伊麗莎白一世制定了多項奢侈法規，例如貂皮僅限於皇室成員穿著。許多條款被繼任者詹姆斯一世（James I）所廢除。

* 法王路易十四（1638-1715）限定紅跟高跟鞋僅上層階級允許穿著。他也頒布法條規定宮廷裡哪些成員可以穿戴哪些材質的服裝，或得以作何種裝束打扮——服裝的規定越多，代表位階越高。

* 歐洲許多國家都規定只有皇室成員或高級貴族得以穿戴金質服飾，例如英國、俄羅斯、法國、奧地利、普魯士、波蘭、葡萄牙等。

* 彼得大帝（Peter the Great, 1672-1725）在致力推廣俄羅斯西化運動的同時，曾制定過17條奢侈法，不鼓勵人們在宮廷或家中穿著俄羅斯服飾，宮廷中的女性最好穿著德國、奧國、法國的時裝。

Style tribes 風格族群

「風格族群」能夠影響全新時尚裝扮的傳播和接納。風格族群是由一群自成一格、具有獨特外觀裝扮的人所構成的族群，並往往被看作與主流社會格格不入。正因為這個原因，他們可能極富創意，恬不知恥，甚至受人訕笑。以下是歷代幾個重要的風格族群，因為他們驚世駭俗，影響力也不可小覷。

Macaronis 通心粉

通心粉也許是第一個名符其實的風格族群，通心粉紈絝子弟在服裝上刻意標新立異，在18世紀中期引起世人的側目。他們裝飾繁複、色彩鮮豔，根據當時流行的「壯遊」見聞到的異國風俗加以發揮，僅管飽受嘲弄，卻也深植人心。

Dandies 公子哥兒

他們是勃·布魯梅爾（Beau Brummell, 1778-1840）的忠實追隨者。精確、（相對）去蕪存菁的風格，被稱作公子哥兒（dandies）。雖然這個族群早在18世紀末、19世紀初就已興起，至今仍然見得到男士們會因為脖子上一條無懈可擊的領帶或身上剪裁完美的西裝外套而得意忘形。

Beatniks 垮掉的一代

垮掉的一代是1950年代晚期、1960年代初的一群藝術家、作家和思想家，風格為簡單、男女一體通用的服裝，最常見為黑色。巴黎的垮掉的一代風格，啟發了聖羅蘭創立成衣品牌「左岸」（Rive Gauche）。

Hippies 嬉皮

嬉皮最初是反文化團體，反抗1960年代的美國政治與消費主義，他們用鮮豔的色彩，流動的圖案和繽紛的裝扮來表達信念。嬉皮美學始終啟迪著服裝設計師，為時尚活動注入靈感。

Punks 龐克

叛逆，打破傳統，龐克風格也是一種極具創造力的風格，將橡膠和皮革等材料以新方式應用，融入歷史性的喻義，創造大膽的新髮型和化妝風格。龐克在1970年代末和1980年代初鼎盛後至今已有數十年光景，仍能持續感染著設計師和街頭風格。

由上起順時針方向：通心粉紈
絝子弟從歐洲壯遊帶回來千
奇百怪的風格；嬉皮的裝扮，
可以從繽紛印花布、簡單布料
和來自世界各地的飾品加以
辨識，圖為1967年在紐約舉
辦的一場婚禮；剛果布拉薩
維爾（Brazzaville）的公子哥
兒們，他們有專門的頭銜「薩
普耳」（sapeur）；鋼釘，皮
革，尖聳的頭髮，叛逆的表
情，為1970至1980年代龐克
風格的最佳寫照。

名流的影響

我們生活的世界裡已充斥著名流文化，名人所穿的每件衣服和配件，都在媒體和網路群組裡被追逐和品評；名流，長久以來一直是潮流的引領者。今日的皇室或多或少失去了衣著影響力，而名流，就成為我們認知流行趨勢的重要指標。

精英階級是最早支配時尚的名流。德文郡公爵夫人喬治安娜（Georgiana, Duchess of Devonshire, 1757-1806），18世紀後半被人奉為「時尚女皇」，受到她的影響，女性紛紛在頭髮別上高聳的羽毛，也時興穿著更自在的薄紗繫腰帶連身裙。攝政時期，威爾斯親王的密友勃・布魯梅爾（Beau Brummell）簡潔到位的穿衣術，一時間也引起眾人效法，扭轉了喬治王時代裝飾過頭的男士衣著。

演員們向來對服飾影響深遠，包括他們上戲的戲服和下戲的裝扮。從喬治王時期的法蘭西絲・阿賓頓夫人（Mrs Frances Abington），法國美好年代的莎拉・貝恩那（Sarah Bernhardt），一直到大銀幕裡的致命女人，像是克拉拉・寶（Clara Bow）、瑪琳・黛德麗（Marlene Dietrich）等。電影明星瓊・克勞馥（Joan Crawford）的衣著風格在1920和1930年代產生極大的影響力：她在電影《林頓姑娘》（*Letty Lynton*）裡穿著的禮服，被美國梅西百貨公司依樣畫葫蘆仿製，售出了超過五萬件。自此以後，不管是凱薩琳・赫本、奧黛麗・赫本、克拉克・蓋博、碧姬・芭杜、史提夫・麥昆、潘・葛蕾兒（Pam Grier）、莎拉・潔西卡・派克、詹姆士・狄恩、克蘿伊・塞凡妮（Chloë Sevigny）、席安娜・米勒，每一位都以絕無僅有的方式影響了人們的衣著打扮。

好萊塢偶像明星不是唯一的一群時尚領袖。印度的寶萊塢明星長久以來一直左右著南亞和印度僑民的時尚風格，從1960年代瑪杜芭拉（Madhubala）飄逸的庫塔裝（kurta）和窄褲（churidar），一直到2007年卡琳娜・卡浦爾（Kareena Kapoor）在《忽然遇見你》（*Jab We Met*）中穿著休閒T恤搭配莎爾瓦寬褲（salwar），對印度的街頭風格產生經年的影響。

音樂人又是另一群重要的潮流影響者。從約瑟芬・貝克（Josephine Baker）的「飛來波」風格（flapper）、法蘭克・辛納屈的紳士行頭，到披頭四、吉米・罕醉克斯色彩紛繽的1960年代風格，一直到了1970年代由唐娜・桑默（Donna Summer）這樣的迪斯可天后作開路先鋒──接著有龐克樂團和1970年代末至1980年代的「新浪漫」風，如亞當・安特（Adam Ant），以及嘻哈先驅Run-DMC、油漬搖滾偶像科特・柯本、另類的碧玉、流行天后瑪丹娜在1990年代和2000年後叱吒樂壇，此外也不可漏掉年輕人的偶像，包括小甜甜布蘭妮、蕾哈娜、肯伊・威斯特和諸多韓流天團，譬如2NE1和Big Bang等。

左頁，由上起順時針方向：肯伊・威斯特和金・卡戴珊（Kim Kardashian）參加2015年的洛杉磯MTV音樂錄影帶大獎，Run-DMC向來忠於「我的愛迪達」，也掀起「蚌殼趾球鞋」的流行風潮；電影《林頓姑娘》中瓊・克勞馥的禮服引發了翻版熱潮。

本頁：韓國樂團Big Bang的兩位成員現身於2015年的首爾香奈兒時裝秀；勃・布魯梅爾以莊重的紳士風格名聞遐邇，如這幅1805年的肖像畫，他影響了始於喬治王時代的男士穿著。

名流造型師瑞秋佐伊正在為模特兒Jaime King整裝，準備進行《InStyle》雜誌的拍攝工作。

專業人士的影響

服裝設計師、造型師，以及為影視人物製作服裝的專業人士，今日的人們對於他們牽動時尚的變化早已習以為常，但是幾百年前這些職業其實並不存在。裁縫師們會為客人量身訂製實用的、具有造型的、甚至引起其他人跟風的服裝，但是這些技巧熟練的職人們往往寂寂無名。除了服裝設計師，其他時尚專業人士也在過去數十年間形塑了人們的穿著方式。

瑪麗・安東尼的設計師和造型師羅絲・貝爾當（Rose Bertin），可說是第一位有名有姓、對時尚產生廣泛影響的專業人士。貝爾當為王后打理造型，貴族女性們也有樣學樣，請她如法泡製為她們進行妝扮，這讓瑪麗・安東尼必須不斷訂製有別於以往的新服飾，以維持自己身為潮流領袖的地位。從那時起，時尚造型師（負責為時尚品牌和媒體打造時尚造型的專家）和名流造型師（協助名人穿著搭配），在趨勢產業裡即變得更受矚目，也更具影響力。

時尚造型師（fashion stylist）的重要性在於他們影響了時裝的穿著方式，包括在伸展台上如何將衣服與褲子搭配，以及時裝拍攝時如何將設計師作品與運動服混搭。雜誌的時尚編輯，挑選當季的關鍵衣物放上雜誌，向來具有決定性的影響力——尤其是那些萬眾矚目刊物的編輯，例如《Vogue》或《Harper's Bazaar》，這類雜誌的影響力也最廣泛；走在最尖端的專業雜誌，能夠為時尚提供最新的視野，也對消費者或其他時尚專業人士產生影響。

名流造型師（celebrity stylist）是「名流寶座背後的藏鏡人」，他們為演

員、音樂人和其他明星挑選服裝搭配，協助他們打理出令粉絲仰慕和模仿的造型。艾麗安‧飛利浦（Arianne Phillips）為瑪丹娜工作多年，幫她在〈Frozen〉、〈Don't Tell Me〉和〈Hollywood〉的巡迴演唱和音樂錄影帶裡創造出經典造型。瑪尼‧塞諾豐特（Marni Senofonte）也成功將碧昂絲從一位音樂巨人轉型為時尚女教主，幫她打造《visual album》裡受到高度討論的造型。名流造型師的角色在頒獎場合和重大媒體活動時顯得格外重要，有了他們，明星們才能夠華麗登場。瑞秋‧佐伊（Rachel Zoe）和尼可拉‧佛迷切第（Nicola Formichetti）等造型師，因此博得了時尚圈的聲譽。

至於在大銀幕上，戲服設計師也舉足輕重，足以推動潮流。譬如早期的好萊塢服裝設計師艾迪絲‧海德（Edith Head），創作了許多經典造型，也廣泛被消費者所仿效。奧雷-凱利（Orry-Kelly）讓《北非諜影》裡的亨弗萊‧鮑嘉穿上一件白色晚禮服，套上一件磨損的Mackintosh風衣，或為《熱情如火》裡的瑪麗蓮夢露物色了一件薄如蟬翼的罩袍。近期的造型名家，有Sandy Powell（《因為愛你》、《仙履奇緣》），Nolan Miller（電視劇《朝代》〔Dynasty〕），Trish Summerville（《飢餓遊戲》系列），Colleen Atwood（《藝伎回憶錄》，《芝加哥》），Patricia Field（《慾望城市》），Janie Bryant《廣告狂人》，和Michele Clapton（《冰與火之歌：權力遊戲》）），皆感染了全球的時尚潮流。

熱門影集《廣告狂人》裡的服飾，影響了時尚男女的穿著。

Social influences
社會影響

改變服裝和個人造型，已成為我們如何看待自己身體和認知世界的一項指標——關於地位、財富、處世哲學、道德、宗教、政治、藝術、科學、營養、身體和性的想法，這些全都影響了流行趨勢。其中三項社會因素——地位、人口因素、性感——影響力又勝過其他。

身分地位

在整個歷史裡，時尚從衣服本身所透露出的意義，向來不下於穿衣這件事。許多不同的文化情境裡，普遍會以某些質料或形式來代表較高的社會地位或財富（參閱第13頁「奢侈法」），長達許多世紀，女性的服裝常用來展示丈夫的財富。進入現代時尚領域，設計師量身設計的服裝經常作為地位象徵，但在彰顯身分地位的同時，往往在手段上存在著美學的區別——過度明顯的象徵符號可能被視為招搖或是暴發戶新貴；更加低調細膩的符碼，例如頂級喀什米爾羊毛或限量款運動鞋，其身分地位只在行家眼裡才真實洩露。

從左至右：埃德蒙·莫頓·普萊德爾（Mrs Edmund Morton Playdel）肖像，根茲巴羅（Gainsborough）繪於約1765年。數百年來，家族的財力都透過家中女性的奢華服飾來展現；今天，身分地位可透過明顯的符號來展示，例如名牌商標，或將商標掩藏不露，所謂的「低調奢華」。

人口因素

年齡、特徵、信仰，社會中不同的族群，會因為這幾項因素而孕育不同的流行趨勢。從青少年文化裡最能清楚看出這一點。戰後青少年人口擴張，創造了全新的搖滾流行時尚，具有新風格的偶像竄起，引發眾人爭相模仿，青少年時裝市場注入了全新活力，豐厚的利潤也延續至今不墜。不同世代各有不同的典型和想法，這也對趨勢產生影響。對千禧世代（大約在1980至2000年間出生的族群）來說，他們追求個性、真實性和創造性，也幫忙推升了許多晚近的時尚潮流，包括小眾品牌、量身訂作，到「運動休閒服」、中性穿著。同樣地，嬰兒潮世代（第二次世界大戰後出生的族群）也改變了人們原本對年長消費者穿著的認知，導引服飾零售業為六十歲以上的購物族創造別具新風格的時裝款式。

從左至右：1920年代的人認為窄臀、帶男孩氣的洋裝性感又時髦；二戰後青少年文化的興起創造了新風格、新休閒活動和新的物質渴求。

性感

性吸引力長久以來一直是時尚潮流的驅動因素。不同的時代與文化，對於如何讓一個人看起來性感有著不同的想法，但手段通常是強調女性的胸、腰、臀，或男性的肩膀和腿。有些趨勢會認定某種體型最具有吸引力，進而影響到服裝的剪裁方式或穿著方式。譬如過去有好幾個世紀裡，渾圓飽滿的身材被認為最具吸引力，代表一個人豐衣足食，也暗示了家境富裕。自從1920年代以降，時興的是年輕獨立時髦女子展現輕巧敏捷的一面，苗條被認為更加性感，因為它代表了背後的教養和講究。近年來，一種更健美的身材已蔚為流行，作為一種健康生活風格的展現，也誕生了身體意識更強的時尚。

The trends industry: past, present and future
趨勢產業：過去、現在與未來

趨勢預測的問世僅僅一個世紀，最早出現於美國和法國。這門產業從最初的支配流行趨勢，至今早已將重點轉移至鼓舞潮流和因應消費者的需求。

追蹤和預測趨勢的專業始於1915年，美國的專家瑪格麗特・海登・羅克（Margaret Hayden Rorke）在當年作出第一次的色彩預測。她觀察到法國紡織廠正在生產的布料色系（紡織廠的布料決定了巴黎會流行什麼，因此會影響到美國的流行），於是她製作一套「色卡」（colour cards）發放給美國的製造商和零售商。海登・羅克的色彩預測重點，在過去一如現在，無非在幫助時裝業界掌握最可能吸引消費者的時尚，從而減少無謂的浪費和商品降價求售。最早的趨勢預測是由美國紡織色卡協會（Textile Color Card Association of the United States）和Tobe顧問公司等組織所策劃，他們依據廠商生產的色系來告知品牌業者和零售商應當製作哪些顏色的產品，並沒有為消費者保留選擇餘地，因此這些趨勢報告十分有效地主宰了流行色彩。

到了1960和1970年代，趨勢預測的目標從縮限廠商的選擇（進而縮限消費者的選擇），轉移成提供靈感的角色。預測報告書變得質感豐富：多彩繽紛、視野獨具的創意和設計指導書籍，旨在為設計師和廠商提供靈感，以創造出激勵人心的新產品──這樣的預測有時成功，有時失準。在趨勢預測的年代，業界竄起了幾位知名的大人物，例如創辦Trend Union的李・艾德寇特（Li Edelkoort），以及以本名創立巴黎Nelly Rodi趨勢公司的奈莉・候迪，業界也推崇所謂「趨勢大師」的看法。

1998年，時尚趨勢預測的後起之秀再次改變了這個產業。WGSN（「沃斯全球時尚網」）是第一家線上趨勢服務公司，原本實體、按季出版的趨勢報告書，搖身一變為快節奏的、橫跨多領域的國際趨勢報告和預測。同時，產業的焦點也轉移至更消費者導向的趨勢潮流，設計師和零售業者更重視消費者不斷變化的生活風格，努力提供消費者需要、或想要的東西。這意味著生活風格趨勢──即「大趨勢」研究（著眼於娛樂、文化、飲食、科技、設計的考察）──已經成為趨勢研究裡的顯學，不下於第一波趨勢預測者所關注的顏色和材質。

左上起順時針方向：WGSN
在2018年出版的《慢未來》
（*Slow Futures*）趨勢報告封
面；女裝插畫板上展示著
Schiaparelli的設計圖以及小
塊樣布，1952年冬季《藍筆
記》（*Cahiers Bleu*）雜誌第
17款；PeclersParis出版的趨
勢圖書裡的意象，1984年。

美國色彩學會（Color Association of the United States）發行的樣布卡，1936年。

從專門技能躍升為主流技能

在過去一百年裡，趨勢預測從原本對買家提供服務的小眾專業領域，發展成為時尚產業裡被期待可以扮演多重角色的技能。發現趨勢、預測趨勢的能力，已經是當前設計和生產製程裡不可或缺的一環，加上線上與實體趨勢服務的普及化，經常面臨更多的人才需求。

靈感加上資訊匯整

經濟衰退加上日趨全球化的服裝市場環境,使準確預測比以往都來得更加重要,許多品牌和零售業者紛紛將手中兼具靈感結晶和前瞻性的趨勢報告(無論為傳統紙本或線上資料形式)與「智慧」數據(smart data)結合,這些數據包括了自家銷售數字、社群媒體分析以及市場報告。

這種趨勢導致EDITED之類的服務業者誕生(參閱第106-7頁的內容),趨勢預測者也被寄託以更大的期待──除了風格和情緒,最好還能夠預測時尚趨勢的數字。趨勢報告書光是漂亮和靈感四射已經不夠了──還必須經得起考驗,要能具體適用。按照EDITED的說法,這樣才有助於「企業更好地規劃未來,按市場實際顯示的狀況做出決策」。不過,雖然數據可以顯示出什麼東西過去曾經暢銷,流行趨勢的本質卻在於展望未來──因此同時能做出具有前景的預測和提供深入分析的機構,將會占據最佳位置,最有機會提出振奮人心、引發熱賣的商品。「不僅是資訊,還要確認」(Not information, but confirmation),正如「觀點出版」(View Publications,參閱第134-35頁)的創始人大衛・夏(David Shah)所形容的。

因為這層考量,現在由單獨一家趨勢機構提供全面服務或依賴單一趨勢大師意見的做法已大大減少,反之,許多品牌業者和零售商開始做自家產品的研究和預測,結合領銜機構的趨勢預測見解,再加上更專業領域的專家意見,例如牛仔布預測師愛米・李弗頓(Amy Leverton,參閱第44-45頁),或是質料專家芭芭拉・肯寧頓(Barbara Kennington)。

趨勢產業年表

1915	1963	1969	2009
第一套色卡在美國製作出來	全球色系論壇Intercolor在法國成立總部	Doneger集團做出「第一次趨勢預測」	流行趨勢大數據公司EDITED成立

1927	1967	1998
Tobe Reports出版	法國趨勢機構Promostyl發布第一本趨勢手冊	第一個線上趨勢服務機構WGSN推出

亦參閱「趨勢事務所、趨勢公司和網站」,第38-39頁。

2

The Trend Industry

趨勢產業

這一章裡，我們針對趨勢預測產業裡的重要角色作逐一介紹，以及產業裡多元的工作、每個角色的工作性質、彼此間如何連結。我們擇要列舉出目前提供趨勢服務的機構、網站、專家，從全球型大企業一直到提供專業服務的小眾公司一應俱全。

趨勢預測機構、趨勢網站所做的服務，目的是向客戶提供可幫助公司提高工作效率和工作成果的必要資訊。有些趨勢機構意圖跨足整個時裝和設計產業，提供的服務從消費研究、未來十五至二十年的大趨勢，一直到當季商品的門市零售分析不等，也有公司專攻特殊類別或單一產品，或是單一服務項目，例如色彩預測。

我們挑選了幾位業界人士做側寫，深入瞭解他們在流行趨勢產業中扮演的角色和生涯發展歷程，以及他們如何將趨勢預測工作融入日常生活。

我們也對趨勢預測和趨勢報告之間的差異做說明，以及瞭解趨勢服務機構一般會製作的報告形態。

PeclersParis內部的趨勢
圓桌會議，對當季的色彩
組合進行決策。與會者提出
自己的研究成果與建議，
整合出一致的見解。

Role
趨勢服務裡的角色

在這一節裡，我們將對流行趨勢預測產業裡的主要角色進行詳細解說，其中包括：色彩專家、質料專家、印染專家、街頭風格專家；零售、採購、銷售專家；消費分析師；設計師。此外，我們也不忘關注非專業人士日益增長的影響力，諸如部落客、影像部落客以及線上社群裡的網紅，並進一步探討社群媒體對時尚與設計產業相關趨勢所產生的衝擊。

色彩預測師

色彩預測師是趨勢預測產業的核心成員。他們在進行大規模蒐尋和分析後提出色彩組合，通知市場、設計師，還有最終的消費者，什麼是他們認同的重要色系。色彩專家會在好幾季之前便預先做出色彩組合，對產業鏈裡的多個環節產生連動效應，啟動接下來的趨勢。

質料專家

質料專家研究表面質感以及布料裡的成分和紋理，編織或非編織，並預測哪些質感在未來幾季裡變得重要。不少質料專家會跟科學家和原料供應商合作，而這個過程通常會在幾年前便開始進行。接著他們在季節預測開始時跟色彩預測師合作，製作出一批重點質料，這些布料會秀給設計師、廠商、供應商參考，然後作進一步的篩選。

紡紗和纖維專家

紡紗和纖維專家研究的是還沒編織或紡織成實際的布料、還沒製作成樣品前的天然纖維和人造纖維。他們根據色彩專家和質料專家的資訊，加上自己的專業影響力和靈感，決定要製作出什麼樣的布料。

紡紗和纖維專家在趨勢貿易展裡討論著新的色系和纖維。

印染專家

印染專家負責布料表面的印染圖案——包括了數位印染、網版印刷、手染、轉印等。從圖案花紋到複雜的反覆流程和接合方法，印染的形式極為五花八門。印染專家根據色彩預測師和質料專家所提供的資訊來做進一步研究，蒐集眾多點子和具有啟發性的材料，提供給印染設計師作設計。接下來的印刷圖案會由自由職業設計師來為公司作設計，或從貿易展裡買回樣本。

表面專家

表面專家負責布料和質料上的所有裝飾，包括刺繡以及亮片等硬質材料。他們一樣也應用色彩專家和質料專家的資訊，並與供應商和紡織廠合作。他們製作的東西會成為貿易展上的展示品和銷售樣品，接著經過設計師的挑選，應用在自家的季節產品裡。

產品設計師

產品設計師是各類時尚領域裡的專家。他們綜合來自色彩、質料和大趨勢的資訊，整理成自己專門領域的設計方向，畫出產品的造型和輪廓，以便被進一步篩選，然後製作成衣服或產品。產品部門的名單很長，大致可分類為女裝、男裝、童裝、鞋類、配件、牛仔布、內衣以及泳裝，每個類別又常常被設計師拆為個別的服裝或產品線。

一位鞋子設計師在匯整完所有初步研究資料後，將原始構想繪成草圖。

經過切割後的品牌圖樣壓入包包的內袋表面。商標配合了產品預先規劃好並精心挑選過的底色，符合品牌訴求的形象。

服裝工藝師和打版師

服裝工藝師負責處理每件衣服或配件在技術上都正確無誤，確保剪裁恰當、符合設計。他們也協助設計程序，與打版師合作，將版型按比例縮放。接著製造部門會負責以最佳方式將設計師的想法和意象付諸執行。

採購

採購運用可支配的預算為自家商店購買上市前的當季商品。採購必須在主打的熱銷商品、核心產品、重要的特別採購之間平衡拿捏。採購要留意當前所有的流行趨勢，以確保他們購買的商品陳設在店內時，能誘發出消費者最大的購買潛能。

銷售部門

銷售部門決定庫存商品何時要在店內展出，以及展示在何處，以達成最佳銷售業績。銷售部門必須與採購團隊密切合作，以得知何時會有哪些庫存和產品抵達。銷售部門也和門市團隊密切合作，確保門市各樓層的商品都迎合了目前的潮流，也對消費者有最大的吸引力。他們也和視覺陳列專員合作──視覺陳列專員負責打點門面，為模特兒著裝，安排店內的展示方式──也和平面設計師和行銷團隊合作。他們必須熟諳大型旗艦店的大預算櫥窗設計趨勢，也要知道小巧型的小眾零售商店的陳設美學，這些商店要在有限的店面空間和預算裡營生，通常會更富巧思。

零售

零售業者必須對市場擁有大量知識，無論是高檔的名牌街或快閃店，也要知道哪家店即將開幕、重點購物區產生了什麼變化。零售業者可以透過銷售業績、時裝秀、街頭時尚報導蒐集流行資訊，也要各地走透透，瞭解競爭對手在幹什麼。他們還要從最頂尖的精品店和人氣最旺的零售店裡吸取靈感，幫助他們決定用什麼東西作為自家主打商品，還有自己應該用什麼方式打理櫥窗門面。零售業者也要隨時掌握消費分析和銷售業績，確保擊中了正確的消費族群，以及以正確的方式提供了正確的商品。

時尚趨勢預測中的主要角色

產業角色

Colour specialist 色彩專家	Materials, yarn and fabric specialists 質料、紡紗和纖維專家	Print and surface specialists 印染、表面專家	Product designers 產品設計師	Garment technologists, pattern cutters and production managers 服裝工藝師、打版師、製造部經理	Buyers and merchandisers 採購與銷售部門	Retail consumers and youth specialists 零售、消費者專家、年輕族群專家	Marketing and press 行銷與公關

每個角色運用到的趨勢服務

趨勢服務	Colour specialist 色彩專家	Materials 質料專家	Print 印染專家	Product designers 產品設計師	Garment technologists 服裝工藝師	Buyers 採購	Retail/youth 零售/年輕族群	Marketing 行銷與公關
Colour palettes 色彩組合	●	●	●	●				
Material forecasts 質料預測	●	●	●	●				
Youth market 年輕族群市場	●	●	●	●			●	
Street style 街頭風格	●	●	●	●			●	
Print and pattern 印染與圖案	●	●	●	●				
Macro trends 大趨勢	●	●	●	●		●	●	●
Key product directions and CADs 主打產品走向與CAD應用				●	●	●	●	●
Catwalk analysis 時裝秀分析	●	●	●	●	●		●	●
Retail, consumer and data reports 零售報告、消費者報告、業績報告				●		●	●	●

31

行銷

行銷人員把消費者變成了客戶，以品牌或生意的立場對他們所行銷的產品負責。他們與產品設計團隊合作，與採購和銷售部門合作，以了解他們準備行銷的趨勢是怎麼一回事，裡面有什麼重要的「故事」，以及他們如何透過平面設計、商品展示、宣傳資料來將這些故事以最棒的方式向客戶描述。行銷主要的任務是在為商品創造需求，而不是照顧客人的實際購買，不過，行銷當然會對客戶的行為產生直接影響。行銷人員必須對圖像風格的潮流一清二楚，瞭解影響市場的主要因素，也要對影響消費模式的社會經濟趨勢保持敏感。

消費者分析師

消費者分析師持續注意市場變化以及市場如何流動，分析消費趨勢並考量種種變因，包括社會經濟條件，政治氣氛，以及藝術與設計的潮流不一而足。他們根據人口統計學、消費行為、地域差異性，按消費者的需要、欲望、需求之間的相似性來做出市場區隔。消費者分析師研究從零售領域進來的業績資料，發表報告與評論，以及就產業大趨勢發表見解，或針對品牌提出策略規劃。

年輕族群專家

年輕族群專家鑽研從街拍補捉到的街頭流行新潮流。年輕族群市場的靈感可能來自慶典活動、新進音樂人或時尚品牌；電視、電影和線上頻道，也是獲取年輕市場靈感的地方。年輕族群專家經常會與品牌攜手合作，協助物色出年輕族群感興趣的東西，以及目前的年輕世代在未來幾年隨著手中可支配所得的增加可能會購買的東西。

平面設計師

平面設計師為季節商品、新裝系列、促銷活動設計意象、插圖和文字。行銷部門、零售商、銷售部門都會使用這些平面設計來進行銷售活動。

部落客網紅Susie Bubble經常被人街拍，其服裝風格和品味以及他挖掘潛力新品牌的眼光深獲讚揚。

Social media
社群媒體

部落格

部落格版主可透過部落格提供新資訊,或是發表個人見解。部落格對於時尚界的影響力快速增長,品牌業者在推出產品時更時常與部落客網紅合作——寄託於他們的開箱文和死忠追隨者,效果更勝於專業人士的意見。部落客明星甚至推出自己的系列產品,或跟大品牌合作。這類例子有巴黎的Garance Doré,跟美國品牌Kate Spade合作;經營「男人閃邊」(Man Repeller)的美國部落客Leandra Medine,與Dannijo合作推出了一系列產品;英國Susie Bubble經營的部落格Style Bubble,也和瑞典品牌Monki合作。有人因為部落格的勢力而成為明星,譬如Tavi Gevinson,年僅12歲就以自己的網頁Style Rookie聲名大噪,她現在是一名演員;菲律賓的當紅部落客Bryanboy的名字,也被Marc Jacobs用以命名一只手提包。趨勢業者可以從這些時尚部落格蒐集到最尖端的資訊,或瞭解他們針對特定議題或新產品發表的見解,或是掌握特定族群的意見和喜好。

影像部落格

影像部落格(vlog)的運作方式跟部落格類似。部落格版面由版主上傳的影片構成,內容可能是評論、提供訊息,或作「使用方法」的示範。主題類型五花八門,其中最受歡迎的莫過於教人們如何打扮。影像部落客網紅的粉絲

動輒數百萬，他們跟部落客一樣，觸角早已伸入品牌合作，為品牌背書，也享有網路外的名氣。Tanya Burr在YouTube上以美容頻道聞名，她推出了自己的化妝品系列，也出版一本教人如何打扮的書。

Tumblr

Tumblr提供的平台可讓使用者添加精選圖片，加上有限的文字或不加文字。透過這個網站作者可以輕易地展現出個人風格，也是抒發小眾品味的理想平台，亦不乏幽默的內容。趨勢預測師利用Tumblr的貼圖來為設計尋找靈感。

Pinterest

Pinterest是一個精彩的圖像平台，這些圖片或從網路上搜尋而來，或由個人上傳，使用者可以按各自喜好規劃圖片的主題版面。Pinterest在時尚、吃食、婚紗業者的炒作下變得極為熱門，現在已成為各大品牌和零售業者推銷自家產品的管道，直接讓客人下單——或透過連上自家官網平台，或付費給重要網紅，請他們幫商家產品釘圖。官網上的超級釘戶往往有數百個主題版面和數百萬的追蹤者，可以想像品牌經過他們代言後會產生多麼驚人的影響力。

Instagram

Instagram是一個以影像為溝通平台的社群媒體，因為使用者充滿創意的照片和自拍而大受歡迎。它現在是品牌展示自家商品的重要管道，藉由穿著新品的網紅吸引大量網路追隨者。許多時尚品牌都和Instagram上的網紅合作，透過他們發布的照片來行銷自家商品。網站上的明星如Gigi Hadid，就透過這種方式迅速發展個人的模特兒生涯。Instagram是趨勢預測機構最有用的工具，既提供啟發性的圖像，也透過網絡與其他個人和產品產生連結；使用者因此得以接觸到原本不知或未曾點閱過的資訊，一有新東西曝光便能立刻查看。

Snapchat

Snapchat是分享照片和影片的應用程式，使用者可以添加文字，將快照發送給好友，這些內容會在24小時後消失。Snapchat在千禧世代（年齡介於18-34歲）的市場裡極受歡迎 ，也在2016年的美國總統競選活動裡扮演吃重的角色。它按照個人偏好分類的版面具有一種雜誌風格，這種布局也吸引品牌業者大量投入。

由上起：Pinterest的版面對於組織一則研究或開發新趨勢是最理想的工具；Instagram頁面示例的鞋子與配件圖片，由趨勢事務所Quartermastertrends提供。

The influence of social media 社群媒體的影響

品牌業者很快受到社群媒體不斷上漲的人氣所吸引，利用這些管道來推升自家品牌形象，增加支持者人口，還有最重要的財源收入。因此他們試圖拉攏人氣最旺的網站用戶，或物色最適合的品牌代言人。社群網站極為多樣，品牌業者宣傳的手段也五花八門，從最簡單的置入廣告、彈出式宣傳，到按照Cookie設定跳出的內容，和針對目標受眾的廣告等等。

許多品牌紛紛和多產的部落客紅人、影像部落客網紅合作，這些人憑著開設個人網頁便一炮而紅——有人專門介紹流行風格和產品，有人教人如何打扮，也有人專攻開箱文評論產品。許多業者利用以下的行銷策略來拉攏客戶：

* 舉辦競賽，提供贈品

* 由網路名人來負責品牌官網的部分內容，或分攤編輯責任——應用用戶生成內容（user-generated content），或直接由網路名人接管處理

* 合作與背書

* 舉辦線上派對活動，例如Pinterest或Twitter的直播派對

* 擔任品牌或社群網站大使

模特兒經紀公司也可能在合約裡加入社群媒體條款，註明客戶的促銷活動會因為公司旗下模特兒運用個人社群網絡資源而使商家受惠。許多社群網路的用戶原本並沒有跟任何產品有特殊淵源，或任何事前規劃好的網路曝光，卻突然間發覺自己變成了網路紅人。

以Pinterest為例，一些用戶的貼圖版面受到網站青睞，被放上主畫面作為宣傳，令原本相對沒沒無名的用戶幾乎在一夜間獲得數百萬粉絲的追蹤，其中一些人譬如Maryann Rizzo和Danaë Vokolos因此改變了她們的職業生涯，有的人則有品牌業者主動叩門，請她們幫忙釘圖。

社群媒體也催生出一個完整的品牌顧問市場和諮詢機構市場，這些網站協助品牌編輯社群媒體上的內容、提供行銷策略、協助他們跟合適的名人或網紅牽線。此外也有一些網站專門負責將品牌連結到實施點擊付費營收流的平台——主要為部落格——讓這些部落格發文者按他們的貢獻獲得與銷售業績等比例的收益，部落格平台Bloglovin'就是這種例子。Pinterest在2015年也新增了電子商務頁面，為特定商品新增「buyable Pins」的選鈕，提供小型網路零售市場除了自家網站之外的新通路。這種發展甚至足以顛覆我們目前熟悉的批發供應流程。

Reporting vs. forecasting
趨勢報告vs.趨勢預測

趨勢報告和趨勢預測這兩者很容易讓人混淆。趨勢報告（trend reporting）著眼於目前市場上的東西，「說出看到的事情」，而趨勢預測（trend forecasting）專門研究市場在幾個月或幾年之後的樣貌。趨勢報告跟趨勢預測類似，內容通常包含了一定的分析，譬如，它也會留意服裝秀裡出現的類似款式或顏色，但趨勢報告的影響力僅限於當季。

趨勢報告是許多預測機構所使用的重要工具，具有多重的角色。它可以作為一種有效的方式來追蹤門市和消費者對於重點趨勢的反應——那些出現在雜誌主頁、櫥窗裡最受重視的商品——還有這些重點趨勢的銷售業績如何。下面列出四種主要的趨勢報告形式。

比較採購
零售業者通常會觀察同業競爭對手如何包裝重點潮流，這門功夫叫做「比較採購」（comp shopping）。他們會觀察競爭店家的色彩搭配方式，或某款潮流正在熱賣或促銷，同時因應調整自家的設計和採購。設計師和採購部門也會觀察競爭對手的店面，檢視什麼產品是自家陳列所欠缺的。

櫥窗報告
趨勢服務機構和企業自身的團隊，會到重要都會和鄰近地區去拍下有哪些品牌、顏色、風格和潮流，會被放在重量級的零售櫥窗裡展示，這些零售點包括百貨公司、精品店、旗艦店等。這類影像有助於企業評估市場對特定趨勢的接受程度，因為這些零售通路業者選擇擺在櫥窗裡促銷的東西，會對消費者的購買欲產生相當程度的影響。

銷售數據
採購和銷售部門（有時也包括設計團隊）會針對重點商品、不同顏色、造型的銷售數據進行追蹤，這些數字會決定是否未來要追加特定商品，製作不同的色系、質料、剪裁等，以乘勝追擊消費者對產品的熱忱。銷售數據也能幫助品牌業者和零售商決定某項產品值不值得延續到下一季。

消費者媒體

消費者媒體——諸如時尚雜誌、部落格、網站等——聚焦於當前推出的產品或即將推出的產品,因此也提供了哪些潮流在當季裡日趨重要的有用觀察。不過,這類媒體並無法預測潮流的壽命。

趨勢報告

趨勢服務機構提供了各類型的報告,以下列出從初期靈感發想階段開始的典型報告類別。每家趨勢服務公司都可能為自己的報告加上不同的頭銜。

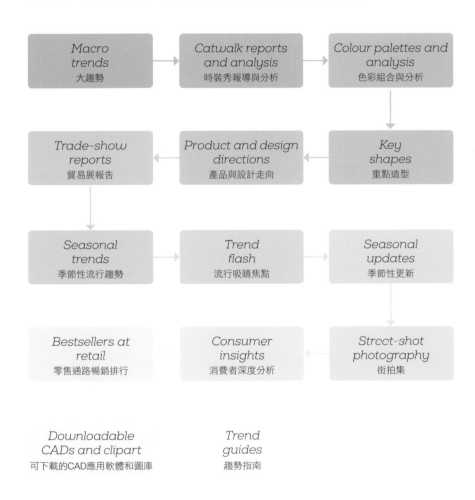

Agencis, companies and websites
趨勢事務所、趨勢公司和網站

趨勢服務機構、事務所、網站和專家數以千計。這邊羅列的，從指標型的公司如WGSN、Peclers、Promostyl，到趨勢大師李・愛德科特（Li Edelkoort），再到專業的趨勢預測師如安娜・施塔默（Anna Starmer），以及較小規模的特定專業服務，都各有用途、各具特色。

Anna Starmer（英國）

安娜・施塔默是一名色彩預測權威，她也經營了一家創意顧問公司，致力於趨勢創作，為客戶量身打造專業報告，並擔任企業的設計顧問。
www.annastarmer.com

Faith Popcorn's Brain Reserve（美國）

「腦力儲備」是一家預測未來的行銷顧問公司，由費絲・波普康於1974年成立，波普康公認是美國最頂尖的趨勢專家之一。腦力儲備與客戶攜手合作，協助客戶創造屬於未來的產品，並提供「趨勢銀行」服務，以預測未來消費者的消費行為作為宗旨。
www.faithpopcorn.com

Five by Fifty（新加坡）

「五十分之五」總部設於新加坡，聚焦在亞太地區的業務。它負責營運「亞洲消費者情報」的趨勢分析網站，致力於亞太地區研究。
www.fivebyfifty.com

The Future Laboratory（英國）

「未來實驗室」將自己定位為顧問公司，透過掌握市場趨勢和回應消費者的需求，幫助企業調適未來的潮流，保持市場領先性。它的訂閱平台LS:N Global每兩年舉辦一次消費者簡報會議，也提供每日更新的時尚觀察和趨勢報導。
www.thefuturelaboratory.com

Iconoculture（美國）

總部設於美國的全球性消費趨勢專家，強項在數據資料和消費人口統計。
www.iconoculture.com

Nelly Rodi（法國）

Nelly Rodi是一家趨勢預測事務所，綜合了消費、創意和市場情報，為客戶製作預測報告，也負責NellyRodiLab網站的營運，提供每日更新的趨勢見解。
www.nellyrodi.com

PeclersParis（法國）

PeclersParis是一家巴黎的創意、風格、諮詢機構，成立於1970年。它是少數仍在出版趨勢書籍的機構之一——網路興起前，所有預測機構都會出版實體書籍；也提供諮詢服務，包括趨勢分析、品牌策略和風格走向諮詢等。
www.peclersparis.com

Pej Gruppen（丹麥）

Pej Gruppen是一家斯堪地那維亞的趨勢事務所，成立於1975年，宗旨如成員所聲稱：「在生活風格產業領域，幫助專業人士鎖定、分析和交流未來的趨勢」。它出版了一系列呈現設計產業趨勢和前瞻視野的雜誌，也舉辦研討會和講座，製作趨勢報告，參與跨領域的顧問案。
www.pejgruppen.com

Promostyl（法國）

Promostyl在1966年成立於巴黎，號稱是第一家趨勢事務所，也是第一間推出趨勢圖書的公司。現在它的辦公室遍布全球，包括在中國有好幾間。一開始它服務的對象是有意在成衣市場爭取更多訂單的布料和織品製造商，現在主要提供諮詢顧問服務和品牌開發服務。

www.promostyl.com

Quartermaster（美國/英國）

這間趨勢預測事務所為全球的鞋業和配件業者提供專業的趨勢資訊。他們製作前瞻報告，進行色彩、質料、趨勢分析，幫助品牌業者和零售業設定產品發展類型和規劃產品開發。

www.quartermastertrends.com

Scout（澳洲）

總部位於雪梨的Scout是一家事務所兼精品店，「結合全球性的市場前瞻預測和創意」，為時尚產業和設計產業「提供具有獲利基礎、禁得起考驗的預測」。Scout專攻零售業者，特別著重與客戶的個別交流與互動性。

www.scout.com.au

Stylus（英國）

Stylus是一家創新研究和顧問公司，所經營的付費訂閱網站內容涵蓋時尚和產品設計的完整面向，同時也提供客製化的諮詢服務和舉辦創新論壇。

www.stylus.com

Trendbüro（德國）

Trendbüro是一個策略型智庫，運用社會、經濟、消費趨勢來為客戶打造有效的行銷策略。它屬於全球性傳播機構Avantgarde的旗下一員。

www.trendbuero.com

Trendstop（英國）

「趨勢站」結合了線上趨勢研究平台跟顧問服務公司和設計工作室，他們的「專業技能，在於將趨勢概念轉譯為成功的商業產品」。

www.trendstop.com

Trend Union（荷蘭）

「趨勢聯盟」是由荷蘭的策展人、趨勢創新者、大師級人物李德薇・愛德科特（Lidewij Edelkoort）所創立的趨勢工作室。愛德科特是公認的時尚趨勢教母，她的現場演說膾炙人口，她的文章和出版圖書備受喜愛。Trend Union的社群媒體平台是Trend Tablet，內容除了有對於趨勢過程的說明，也主持了一個交流平台，匯集一批由設計師、趨勢獵人、創新工作者構成的社群。

www.trendtablet.com

Unique Style Platform（英國）

USP「為時尚和造型產業提供情報分析」。它的免費部落格每日更新，也可為付費客戶提供季節趨勢預測和前瞻趨勢報告等服務。

www.uniquestyleplatform.com

WGSN（美國/英國）

「沃斯全球時尚網」（Worth Global Style Network）是最早成立的線上趨勢服務業者，創立於1998年。它在2014年併購了主要競爭對手Stylesight，成為業界規模最大的公司。在這間事務所提供的服務裡，以WGSN Instock為例，透過掌握大規模零售商的數據，來追蹤即時的庫存量、銷售模式和銷售行為；其他服務如WGSN Style Trial，能夠在各系列產品尚未向零售業推出前，先進行現場觀眾實境試穿再下單。

www.wgsn.com

Industry profile
Tessa Mansfield
業界人物側寫：泰莎·曼斯菲爾德

經歷

泰莎·曼斯菲爾德是全球時尚和生活風格趨勢服務公司Stylus的文案和創意總監。

您是如何登上目前職務的？

我在英國布萊頓大學（University of Brighton）主修3D設計，專攻塑膠、材料和視覺研究，接著開始生產自己設計的塑膠產品，並投入《Wallpaper》雜誌的發行。因為這份工作，我在1990年代末有機緣進入Seymour Powell設計顧問公司和SPF前瞻事務所，投入早期的視覺趨勢研究。2010年我加入Stylus，成為創始團員。現在我帶領一組文案團隊，負責公司的產出內容和創意策略。我們鎖定最重要的、具有全球性、跨領域的趨勢，與我們將近五百家的客戶作連結，包括Reebok, Adidas, Marriott, Volvo, Moët Hennessy, Sephora, John Lewis等。

您如何看待趨勢研究和預測過程？

我把流行趨勢看成一種對較為複雜的現實進行簡化的過程，透過認定特定模式和主題創造出來。流行趨勢透過強有力的文案敘述、視覺創意，在容許創造產品的社會環境下為企業帶來商機，也根據社會條件而回頭衡量自己的品牌定位。

我們在Stylus會針對不同的受眾進行不同類型的趨勢分析。人口統計學和心理變數的趨勢可以提供商機的背景知識，關係到未來的受眾和驅策他們購買的因素。被美學驅策的趨勢則能為各種創意專業人士提供強有力的指引，從採購人員到視覺陳列部門都受用。

我們的趨勢報告服務範圍非常廣，從部落格發文，到長期的跨領域企業消費大趨勢。為了同時滿足製造業的時間表和設計供需，我們成立了「設計走向、色彩與質料趨勢」和「時尚預測」部門，超前當季達十八個月。這些視覺報告無疑是最能啟迪靈感的產品開發工具，照顧到各個層面，從色系、表面處理、質料到圖形和空間設計。

您和團隊在進行研究時最常使用哪些工具和資源？

我們的專業分析師會觀察趨勢影響者，大量閱讀，和思想領袖和業界專家對談，整理網路裡的訊息，發掘案例研究來闡述靈感，同時也參考外部的量化研究數據。至於案頭研究的資源，則是持續不斷在增加的網路資訊回饋，從部落格、社群媒體一直到新聞皆然。

我們以團隊力量來消化資訊，共同討論和辯論，主持流行趨勢日和企業圓桌論壇，我們在這些活動裡邀請外部專家、意見領袖、網紅，和我們的內部團隊一起呈現、分享和分析趨勢。我們的團隊每年參加超過一百五十場全球跨領域產業活動——包括貿易展、設計週、研討會和大型會議。日積月累之下，我們訓練出看出產品和創意演變方向的能力，這就成為我們趨勢知識的堅實來源。

Stylus如何將趨勢轉化為實用的前瞻見解給客戶理解？

公眾領域裡的趨勢資訊汗牛充棟，在為客戶提供量

身打造的分析時,我們扮演了十分重要的角色,幫助客戶清除無關緊要的雜訊。我們為客戶提供他們在設計新產品和判斷內部創新時需要的資訊。視覺元素極為重要。我們透過漂亮的專利情緒板來展示我們設計的走向,我們運用視覺資訊圖表(見次頁)來減輕視覺研究的負擔,呈現我們分析背後的嚴謹性十分要緊。我們的報告包含對未來的前瞻見解,預測趨勢的軌跡,以及評估未來對特定產業的衝擊影響。

您覺得對於趨勢的應用如何改變了時尚產業?

現在比起以前更重視你講出的趨勢預測會不會實現。雖然我們的報告主要是屬於「質」的探討,但我們仍然透過量的研究和專家背書來印證我們的看法。時裝秀報告仍然是我們時尚服務的重要一部分。我們的客戶喜歡時裝分析,因為它印證我們的預測,而且回應快速。不過現在每個人都能輕易看到時裝秀,它的重要性也越來越降低。

時尚產業已變得十分貼合現實,也就是說,你不能將時尚孤立看待。我們藉由定義塑造當今時尚的外部關鍵影響條件,以及跟更廣泛的社會和文化趨勢作連結,來協助客戶打造新的商務策略。在這個變幻莫測和日益片段化的世界裡,趨勢預測仍然是一項關鍵的商業操作工具。

時尚趨勢如何與其他領域的趨勢產生交集?

有些環節是互補的——你會仔細審視這些地方,尋找直接的關聯性——還有那些關係較遠的領域,可以提供更開眼界的靈感和更顛覆性的影響力。對時尚預測來說,互補的領域通常跟美、色彩、材料有關,還有室內設計。現在我們也從科技、媒體、運輸看到越來越多的影響,這是其中幾個明顯的例子。

Industry profile
Ingrid De Vlieger
業界人物側寫：英格麗・德・芙里格

經歷

英格麗在學時主修商業傳播，從事過各類以行銷為導向的工作，十年前她進入JanSport產品行銷部。她喜愛產品開發的各種挑戰，隨後跳槽至比利時的Eastpak擔任產品助理。八年後她仍然待在Eastpak，擔任設計與開發經理。

您如何看待季節性研究和趨勢過程？

發掘流行趨勢是一個持續的過程，你需要不斷地觀察。尋找趨勢要有好奇心，要對廣泛的主題感興趣，這就是為何我們會朝不同管道蒐集資訊，來確定當季產品的流行走向，而且我們一整年都會持續這麼做。

您有一套方法論嗎？

為一組新品系列定義主題的方式，是透過一整年的物色靈感和蒐集資訊。此外我們也從事很多季節性活動，像是參加貿易展，參閱流行趨勢叢書，和趨勢預測機構針對特定季節產品進行合作等等。所以我們為完整的產品系列所做的準備，既包含針對當季的研究，也有我們一整年下來捕捉的創意。我個人經常被影像觸發靈感，多年來我也收藏了一小批影像，保存著留待需要時加以開發運用。此外，我認為個人的直覺十分關鍵——觀察趨勢時，要跟著自己的感覺，還有把自己放進Eastpak消費者的立場。

在準備季節商品部分，我們和不同的趨勢機構合作，這些機構位在巴黎、倫敦、蘇黎世，以及日本和韓國。我們參考趨勢圖書裡對於顏色、質料、造型、風格的流行趨勢，也和數位時尚平台合作，發掘未來的消費趨勢。我們參加商展——除了時尚相關的展覽，也不放過產品設計/創新展、室內裝飾展等——因為我們體認到蒐集廣泛題材非常重要。我們會把例行的市場走訪做完，因為發現趨勢這個概念本身也跟地理位置息息相關：每個城市都擁有自己獨特的風格。我們從斯堪地那維亞出發，前往巴黎、倫敦和米蘭，還有香港、首爾、東京等都市。來自網路的案頭研究工作也持續不間斷，這可以讓我們快速又不花錢地從種類繁多的來源裡挖掘出數據和靈感。有時光是一張影像就有非常強大的力量，足以觸發你催生出一整個嶄新的產品系列！我們和零售商及布料供應商密切合作，隨時獲得最新的技術和材料知識。

您覺得時尚產業裡哪個環節對您的工作最具有啟發性，就社會、文化或美學層面而言？

尋找流行趨勢需要深入廣泛的主題，而我們的靈感主要來自時尚舞台、室內設計、鞋子和配件。

您覺得對於趨勢的應用如何改變了時尚產業？

今天的流行，從誕生到死亡都快得不得了。在社群媒體上消費者有非常多關於什麼最潮、什麼已退流行的討論，這就是我們一直在諮詢專業趨勢預測師的原因，這麼做非常重要。趨勢專家已經告訴我們，必須放慢速度。如今時尚產業和生活風格產業也認知到優異而禁得起考驗、不會動輒蒸發或褪色的設計和經典造型的重要性。因此如果我們期待推出更進步的新品系列，我們必須更勇敢而大膽。

什麼事情最能激發您的靈感？

我認為旅行和接觸大自然，對我來說是巨大的靈感泉源！從世界各地的許多不同城市汲取想法，然後跟整個團隊交流靈感。看到不同的文化詮釋出的不同流行和色彩，實在是很棒的事情。倫敦永遠會跟東京不一樣，甚至北歐跟南歐也有很大的差別。這些都很有意思，將這些經驗像拼圖一樣拼接起來，得出精彩的產品系列，是一件很有樂趣的工作。

網站、部落格、書籍、地點、物件……哪一項是您不可或缺的工具？

WGSN、Highsnobiety、Hypebeast、流行趨勢圖書、貿易展、全球各地的城市……這些東西加起來，就是最好的尋找風格、顏色和流行趨勢靈感的平台。

請您描述您目前所扮演的角色，以及跟我們解釋趨勢如何參與其中，包括實質和在潛意識層面的。

我目前的工作負責設計和開發Eastpak產品線和各個收藏系列。我需要去滿足目標消費者的需求，同時兼顧市場對於價格、配銷和品牌定位的要求。我跟產品團隊一起管理整個產品設計和開發過程，從設計輸入到樣本誕生。市場知識和趨勢研究是這個過程裡的基礎，整個過程的起點是從這裡出發的。

Industry profile Amy Leverton
業界人物側寫：愛米・李弗頓

經歷

愛米・李弗頓是洛杉磯的牛仔服專家，專門為牛仔褲品牌提供諮詢服務。在業界工作十年後，她目前在WGSN擔任牛仔服與青年文化經理。

您目前在做什麼工作？

我是趨勢顧問、品牌策略師、記者、文案和作者，我所有的工作都貢獻給牛仔服產業。

您是如何進入趨勢預測這個領域的？

我主修的是服裝設計，花了四年的時間設計休閒服和牛仔服，但我的強項一直是做研究：情緒板（mood board）、趨勢、初始想法、創意等，也就是在設計之前的所有東西。2008年我應徵WGSN的牛仔協力編輯一職，很幸運獲得了這份工作。

您的客戶需要從趨勢預測服務裡獲得什麼東西？

近年來趨勢運作的規則已經起了很大變化。過去，客戶們需要早早得知新趨勢的出現，以便有充裕的時間因應：像是造型輪廓、是否水洗、顏色、款式等等。現在，我們正經歷一場趨勢的巨大波動期，也變得更多樣化。當然，還是會有新的流行趨勢興起，譬如七分喇叭褲的熱潮，品牌便可以做出因應；但我看到更多的是，五花八門的趨勢開始令品牌業者感到困惑。他們現在反而需要更多量身打造的資訊和協助，來強化自家的品牌DNA，瞭解有哪些趨勢值得投資，哪些趨勢是可以掉頭離開的。

這種情況如何改變您的研究方式？

自從變成自由職業工作者後，我讀的書更多了！在一個不斷變遷的產業裡，留意到事情如何變化十分重要，不僅是流行趨勢，產業本身也一樣。我每個月在Heddels的牛仔部落格寫一篇文章，我在那裡會探討產業的變化，包括零售、教育、貿易、新材料開發等等層面。在那邊和消費者的互動——同時也是在研究過程裡跟產業專家互動，對於增進我的全面性知識非常有幫助。

您做研究時是否總以牛仔布為考量，或者您是從更一般的觀點出發？

我是從一般的、文化觀點出發，當然我跟牛仔布的關係已經根深蒂固，所以兩者經常是相輔相成的。

您如何看待趨勢研究和進行預測？

要活在它裡面，真的是這樣。如果你喜歡你做的事情，就會不停地思考，永遠在追尋，永遠覺得好奇。我覺得只要我還喜歡我的工作，活著，就是在學習。人生就是一場大型的研究計劃！

您有一套方法論嗎？

我訂閱一些優質的電子報，像是BoF (businessoffashion.com)，PSFK (psfk.com)等。我上Pinterest像瘋子一樣在釘圖，我追蹤Instagram上的東西，這讓我保持消息靈通。此外，我認為要結交一群很棒的業界朋友，你才能夠行得遠。你認識的人越多，你在市場裡各個環節的連結就越強。他們會寄好東西給我，在照片裡標記我，在對話裡加入我。

您覺得時尚產業裡哪個環節對您的工作最具啟發性，就社會、文化或美學層面而言？

我現在想做的是建構關於全球供應鏈的知識，包括綿紡廠、洗滌廠、製造廠等等。就生產和製造而言，我越來越關心牛仔業在製造和生產過程裡的透明度，以及所產生的工業污染。我認為這在未來非常重要。

您使用誰提供的趨勢預測服務，來自專業公司或個人預測師？

我不用趨勢預測服務，因為我自己就是！除了只有訂戶才能看的內容，我什麼都看；如果我正在研究某件事情，我可能在特定網站上多逗留一陣來確認想法。但我覺得自己其實更像偷窺者。

您覺得對於趨勢的應用如何改變了時尚產業？

我認為品牌透明度，品牌原創性，以及強有力的品牌DNA，絕對能給企業產生巨大的回報。Z世代是多疑的族群，他們通常反企業、反撙節政策，擁有已政治化的心思。他們成長在一個資訊自由的世界裡，所以他們的需求會跟前世代的人完全不一樣。

什麼事情最能激發您的靈感？

我想是新的人才。沒有什麼會比發現一個新品牌能把牛仔服做出新創意，更令我血脈賁張的了。我也是個徹底的布料控和編織控，目前布料的創新發展令人無比興奮。

網站、部落格、書籍、地點、物件⋯⋯哪一項是您不可或缺的工具？

Instagram和Pinterest。

練習：分析一則目前的流行趨勢

這個練習可以幫助你了解，發布一則趨勢報告沒有方法上的對或錯，不同的趨勢服務機構、部落格、個人預測，可能對相同的趨勢做出非常不同的報導。請以一則最新且充分報導的流行趨勢為例，針對一家趨勢服務機構對它做的報告，寫下500字以內的心得，用不同來源找到的圖片來支援你的觀點。試著挑出一些具有啟發性的街頭風格、街頭的高檔穿著或高級時裝品牌的例子。

在你對趨勢報告所做的回應裡，試著多一點批判性，說明選擇這份報告的理由為何——在你看來，因為它實用性高，或是靈感豐富？它是對當前流行趨勢的分析，報導，或是評論？這是寫給誰看的？編輯鎖定的讀者是哪些人？他們希望讀者從報告中得出什麼想法？

你所分析的報告裡，有沒有對創意從何而來給出線索？還有它會往哪個方向走？如果由你來撰寫報告，你會做得更好，或報導得不一樣？

在這則練習裡，注意以下幾點：

* 影像
* 長度
* 遣辭用句
* 標題
* 版面布局

右頁：色彩組合與質料走向預測，取材自Scout趨勢服務公司。

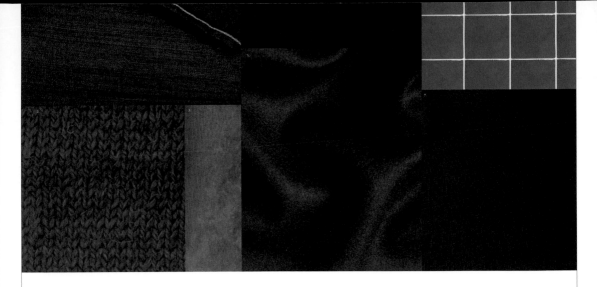

COLOUR palette

CORE: indigo + rich

A rich, deep autumnal palette with nautical inspired navy blues, the key colour statement. The dark navy replaces black, plus classic French navy, use accordingly. The deep plum is a new shade for smart tailoring and knitwear. The ginger adds punch to the group and works in wovens and knits in solids or colour blocked combinations with the other shades.

ACCENTS: lively + fresh

The accents add another level of colour into the mix with white a key accent for crisp shirting and fresh tees, plus nautical stripes. Use in solids for fashion pieces, including pants. The orange is a new highlight for tops, while the lighter teal is important for better-end products and fabrics in uniform inspired tailoring. The greyed-off blue is an alternative to navy and for more casual styling.

BOXED

COLOUR CARD

CORE:
Indigo + rich

PANTONE® 19-3922 TCX
Sky Captain

PANTONE® 17-1052 TCX
Roasted Pecan

PANTONE® 19-3815 TCX
Evening Blue

PANTONE® 19-2420 TCX
Pickled Beet

ACCENTS:
Lively + fresh

PANTONE® 11-0601 TCX
Bright White

PANTONE® 16-1349 TCX
Coral Rose

PANTONE® 18-4417 TCX
Tapestry

PANTONE® 19-4014 TCX
Ombre Blue

3

Trend Basics

流行趨勢基礎

時尚產業無疑跟流行趨勢有最密切的關係，因為時尚向來以高曝光的姿態，將創意與設計發展成每季在伸展台上的表演，加上廣告的力量和新品在門市裡的陳列；然而，趨勢在其他產業裡的影響力也越來越大。本書主要著重於時尚趨勢的探討，不過在第五章裡仍會進一步研究時尚和生活風格的趨勢如何相互影響。

從時尚趨勢預測學到的經驗，可以應用在生活風格的多元領域裡，諸如旅遊、汽車零組件、食品、飲料以及家飾和科技業。每個產業邁向成功的祕訣就在於抓住不斷演進的消費者欲望、消費者的影響、以及美學——簡而言之，就是「時代精神」。Zeitgeist這個德語單字即意謂「時代的精神」，是任何趨勢預測者必須理解和探討的最重要一件事。對時代精神的體會，形成了趨勢預測的基礎：觀察人們在行為或穿著上的微妙變化，讓我們學習摸索出創意將從何處而來，並推估可能產生的影響。在實務層面上，趨勢預測是透過一點一滴的累積，蒐集未來能夠啟發設計師和啟發重要影響人士的靈感，以及這些靈感如何被轉化成產品，出現在商店和消費者的衣櫃裡。

這一章裡，我們會探討趨勢如何成長發展，並檢視影響趨勢的資訊流；我們會對重要的趨勢影響人士做一個綜觀，也會檢視按不同速率發展的趨勢，為何有些成為經典，有的屬於季節性潮流，有的止於短暫的熱潮。

服裝秀的影響力依然龐大，許多時尚專業人士會參加學生的服裝秀查看新的創意。圖為2016年西敏寺大學學生雅思敏・卡克里（Yasemin Cakli）的期末作品發表。

How trends spread
趨勢如何傳播

何謂「趨勢」？
Trend 趨勢（名詞）

一種變化的模式或走向：某種日漸發展、或日益明顯的行為方式或穿著打扮方式。

在特定時間裡流行或顯得時髦的東西。可以是某些「關鍵」品項的風行，或某種穿著打扮（造型）方式，或色彩組合方式。

無論我們是被動的旁觀路人，或有意識地攝取文化，身邊其他人的所做所為和穿著打扮方式都會被我們吸收。當一個人從另一個人身上汲取靈感，將對象的穿著打扮納為自己穿著打扮方式的一部分時，他們就在孕育趨勢的道路上向前推進了一小步，無論這種行為是出於有意或無意。

學者們對於趨勢傳播的成因和方式已經提出過理論，他們的模型可以幫助我們理解趨勢是如何成長的——首先，第一個人開始某種新的穿衣方式，接著一群人採納了這種新風格，一直到這種創意走上伸展台，進入銷售門市，然後（透過銷售通路）風靡街道上的群眾。趨勢的這種上升和下降曲線，也被稱為產品生命週期。

埃弗雷特・羅傑斯（Everett Rogers）的「創新擴散」理論認為，流行趨勢這類創意是從一小群「創新者」所發起，他們將這個創意傳播給「早期採行者」，而早期採行者幫「早期大眾」打開了門戶，讓趨勢發展達到頂峰，「晚期大眾」跟著被帶入，最後，還有一些屬於始終未曾嘗試過的「落伍者」。趨勢也隨之消褪，通常被另一波新的趨勢取代。

羅傑斯的創新擴散理論（Diffusion of innovation）

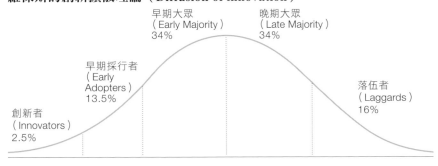

一個成功的流行趨勢，要能從早期採行者擴散到大眾市場和晚期採行者，無論是自然演進或透過趨勢預測和品牌業者的推動。此外，並非所有的趨勢都能順利成長，有些趨勢影響力有限，或太小眾、太昂貴、太具爭議性；或是剛好相反，太過乏味。

好的趨勢預測師要能嗅出趨勢開端，當它們還處在創新者或早期採行者階段時才有分析發展的餘裕，具有開發為產品形式的潛力以在大眾市場中獲利。

The trend-forecasting schedule
趨勢預測時間表

趨勢預測師一般在創意工作過程開始時便投入，他們的研究是要為設計師、採購、製造者提供訊息和靈感，再由他們實際進行產品的製造。預測工作或委託趨勢機構進行，由機構提供顏色、質料、印染圖案和大趨勢報告（及其他報告），或交由企業內部設計團隊來做，作為企業研發過程的一部分。

大多數時裝新品的趨勢預測，都要在當季來臨前的18至24個月前開始進行。譬如，準備在2018年春/夏登陸門市的商品，趨勢預測師要提前到2016年夏天便開始著手資料的蒐集和分析。這樣的時程讓紡紗廠——生產過程的第一階段——有時間製作出特定顏色和質料的紗線，才能實現接下來的趨勢發展。機能性服裝、運動服，或是外套和布料廠商，通常需要比18至24個月更長的提前期。這些產品通常比其他產品包含更多技術，使用更耗時的製程，也可能涉及新科技或表面處理技術，這些都需要更長的時間來研發和測試，不像棉質T恤那麼單純直接。

一旦預測師調查過貿易展（例如Première Vision這樣的貿易展）裡的紗線顏色和可用的質料，確認趨勢走向後，下一步就是對印染圖案、紋飾、關鍵造型做預測，這些預測隨後製作成設計樣本。接下來，設計師會與採購和銷售部門聯手合作，將趨勢預測的想法發展成完整的產品系列，零售業者從新產品中挑選出門市販售的品項，行銷則研擬出主打產品，透過廣告和公關PR為產品促銷。

趨勢會在生產過程的不同階段被檢視，將前階段的成果回饋給下個階段。趨勢機構或企業內部預測師提出的預測，可協助趨勢在不同階段的開展和實現，具體程序如下表所述。

趨勢時間表

紡紗/纖維	大趨勢	印染	系列產品開發	
材料、布料廠商，針織品製造商	跨領域的企業專才（顏色、質料、消費專家/生活風格研究師，設計師）	（18-12個月前）圖案、印染設計師	產品設計師，採購，銷售，技術製程專家	
24個月前	20個月前	18個月前	12個月前	6個月前
顏色/質料		產品設計		門市
色彩、質料及表面預測師		服裝、配件設計師，生活風格、居家設計師		銷售人員，公關，行銷，視覺陳列人員

Changing timelines 改變時程

雖然說18至24個月是趨勢從發想到實踐的基本時程——這個區間允許各個環節有充分的時間來運作，如51頁中所示——現在的趨勢時間表卻不斷在加速中。

Real-time catwalks 即時時裝秀報導

時裝秀報導曾經是專業人士的禁臠，現在則透過網絡和社群媒體獲得大量的報導，也代表消費者馬上可以從伸展台上得知最新的流行訊息，不必等待時尚編輯和造型師花費3到6個月的時間來消化數百萬套服裝，過濾成消費者易懂的流行趨勢。如此一來，消費者對於新潮流的期待感變得更迫切——也越來越不願意花上幾個月的時間等待設計師的新品送抵門市，而數以百萬購買當季流行「快速時尚」版的消費者，也一樣期待產品能盡快到手。

Rapid retail 快速零售

雖然很多設計師品牌仍循舊有模式運作，即二、三月在伸展台上秀出的秋冬新裝，會在八月分上市，但Zara等快速時尚品牌利用智慧型生產模式，可以做到從時裝秀到全球門市鋪貨僅在短短幾週內便完成。這意味趨勢可以擺脫不同步的困擾，因為消費者就是要伸展台上的最新創意，無論走秀為的是哪個季節——秋冬新裝的新顏色一在伸展台上秀出後，不消幾個月就能在門市出現，不用經過傳統六個月的等待。

為了不讓客戶不耐煩，Burberry和House of Holland等品牌讓顧客可以馬上訂購從伸展台上相中的衣服，而精品購物網Net-a-Porter和時裝秀線上預覽Moda Operandi也讓消費者預購主打服飾，以幾週或幾個月的時間直接寄送給購物者——通常在新品抵達門市之前。

Trend tracking 趨勢追蹤

許多零售業者為了不讓自己落後於消費者的認知，現在會使用貼合當季或當季的趨勢追蹤（trend tracking）服務，這種服務提供重點顏色、服裝輪廓、產品的即時通報。趨勢追蹤讓品牌和零售業者得以在趨勢退潮前生產出符合潮流的產品。

Types of trend
趨勢的種類

趨勢延續的時間可短可長，按照長度通常可分為熱潮（fads），潮流（trends），和經典（classics）。下方圖表顯示按不同速率發展的趨勢。

熱潮迅速崛起，也迅速消退，從早期採行到大眾市場接納往往在短短幾週或幾個月內發生；潮流的生成則緩慢得多──通常要跨越幾季、甚至幾年的時間。潮流從一到兩年的成長區間對趨勢預測者來說正是所謂的「甜蜜點」（sweet spot），提供了充裕時間將趨勢轉化為可行銷的商品（參閱第51頁的「趨勢時間表」）。

一則流行趨勢可以因為新潮或有趣而叫好叫座，但只有對人們的生活產生更深遠的意義和用途時，才可能贏得持久的生命。舉例來說，最近流行的高機能運動鞋可搭配任何服飾外出，就滿足了消費者一直以來對於功能性和便利性的渴望。

左頁：Burberry Prorsum 的時裝秀，2016年春夏。Burberry在這一場秀裡首次推出「伸展台對消費者」點對點直購的銷售途徑。

熱潮、潮流、經典的發展曲線

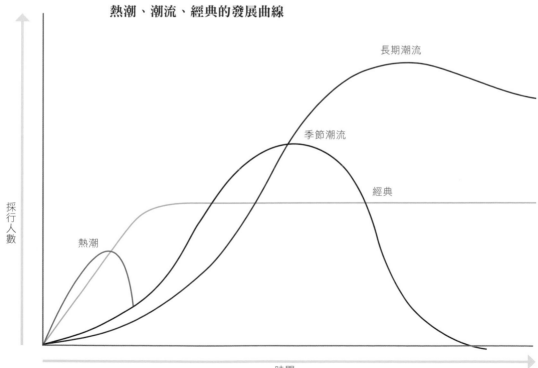

長期潮流

季節潮流

經典

熱潮

採行人數

時間

熱潮：3到6個月

熱潮是壽命期很短的打扮風潮或產品，通常只會流行幾個月。搭上熱潮的商品通常被看作一時的「必買品」，但消費者很快就會對它們感到厭倦，也很難作重複購買：一件單品往往就能滿足消費者一時的時尚感。

在許多例子裡，我們都看到熱潮來得越快，就越快燃燒殆盡。熱潮的核心通常是一個古怪或新奇的產品，實用性（或以時尚術語「實穿性」wearability）有限。另一項限制熱潮發展為潮流甚至經典的因素，是它們對受眾的吸引力有限。熱潮只令特定的族群感興趣或可以穿戴，像是都會青少年，或時尚圈內人士。歷代的重點時尚熱潮，包括1980年代的蓬蓬短裙，2000年後期的Nu Rave派對風，或是2014年極度樸素的Normcore穿搭法。

潮流：6個月到5年

潮流可以是在一段時間裡變得流行的某種風格，或某類型的產品，並對廣大層面的消費者、品牌、甚至產品類型產生影響。重點潮流會被許多人接納採行，之後又褪流行，淪於過氣──或更等而下之，變得不酷。

時尚潮流的生命週期可能各不相同，不過一個成功的潮流至少要延續一季（所謂季節潮流），或繼續發展出新形式，或是被新的消費族群採納好幾年（長期潮流）。厚底高跟鞋（high-platform heels）或機能運動服（performance wear）就屬於這類例子。它跟短期熱潮不同在於，潮流有潛力產生長期影響，甚至能蛻變成新的經典。

季節潮流：6到12個月

季節潮流通常是從時裝秀衍生出的潮流，表現為一些關鍵品項、顏色、服裝輪廓或某些穿搭風格的流行。它們是當季主宰時尚的打扮方式──譬如「牛仔加牛仔」的穿法，或「高級時裝運動衫」──但會在6到12個月內失寵，而消費者又將目標轉往下一個趨勢。

長期潮流：5年

能夠維持5年左右的趨勢，就可以被歸類為長期潮流。延續超過幾季的潮流往往會把焦點放在特定關鍵品項上，這些品項的形式會隨著時間持續發展，例如防水台增高的高跟鞋。這類產品從最早發布期間（2007年YSL的Tribute高跟鞋，底厚1.2吋），一直到2011年超高的2.5吋厚底，變得越來越高、跟越來越細。

這些經常標誌出一個時代的長期潮流，最後成為想讓自己看起來更時髦的消費者的必備品。它們是「慢燒」的耐久趨勢，消費者購買這些東西可以用不同的方式穿搭，例如衣櫃裡會有好幾條緊身牛仔褲，或好幾款不同造型的厚底高跟鞋。

經典：10到25年

經典，是兼具群眾魅力和實用性的打扮方式或品項，它們通常被視為現代「必需品」──大多數人都擁有一件長得類似的東西。以時尚術語來說，它是一件「必備單品」（key garment），譬如風衣，「黑色小洋裝」，牛仔

左頁，從左至右：模特兒艾潔妮絲‧迪恩（Agyness Deyn）穿著馬汀大夫高筒鞋，為這款鞋成就長期潮流做出貢獻；校園遊樂場製造出許多熱潮，也殺死了許多熱潮，譬如圖中Silly Bandz的動物造型橡皮筋手環。

褲。經典產品雖然不斷生產、銷售、使用,它們也會持續演化,發展出適應時代的形式。例如,牛仔褲的造型和顏色,會根據當前的時尚潮流作調整,從喇叭褲、靴型版牛仔褲、窄管褲,到雪花洗、彩色、破洞風格不等。

長期潮流可能演變為經典。最近的一個例子就是隨處可見的緊身窄管牛仔褲,它一開始是最潮的時尚款式,逐漸因為本身的舒適性和多用途性而成為新經典,所有人無論性別、年齡、背景都能穿上它。

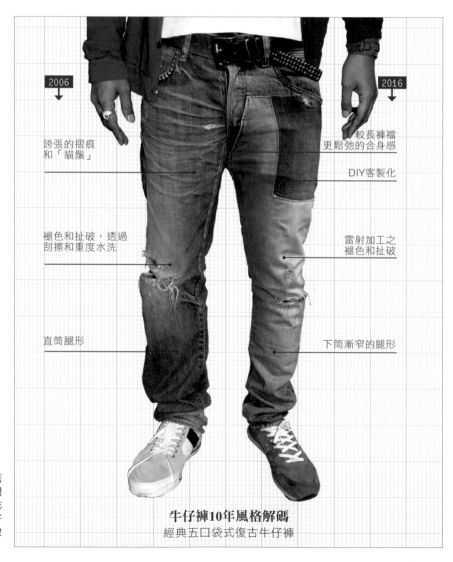

2006

誇張的摺痕和「貓鬚」

褪色和扯破,透過刮擦和重度水洗

直筒腿形

2016

較長褲襠更鬆弛的合身感

DIY客製化

雷射加工之褪色和扯破

下筒漸窄的腿形

牛仔褲10年風格解碼
經典五口袋式復古牛仔褲

即使是經典款項,譬如藍色牛仔褲,也會隨著時間不斷演化。《View2》雜誌刊出的圖片,顯示男性牛仔褲風格在10年間的小小改變。

Limiters 助力/阻力

下列因素會對流行趨勢產生正面或負面的影響——過多或過少，可能讓趨勢過度曝光，也可能把它框限在小眾市場裡。

* 名人採用/推薦（例如金・卡戴珊愛穿戴的修腰連身短裙（peplums），引發人們對這種身型輪廓的熱烈追逐）。

* 新品牌（例如Vetements風靡世人後，造成磨損牛仔褲和寫上嘲諷自家品牌短語的T恤大流行）。

* 媒體討論。媒體對特定流行趨勢的嘲諷或支持，可能助長或阻撓趨勢的發展，譬如對於紅毯超級晚禮服的品評。

* 親密友人和家人。這些圍繞在你身邊親密人士的態度和信念，可能對你購買某類衣物的欲望或打扮方式澆冷水或火上加油。以保守的社群來說，可能就不鼓勵過分大膽的服裝和造型。

* 文化裡的造型打扮。深紅色指甲油就是一例，烏瑪・舒曼在《黑色追緝令》裡的角色形象經過媒體報導後，讓這款指甲油的銷量暴增。

* 可得性——供給太多（飽和）或太少（稀有）。

假名牌包。時髦的包包款式，所謂「一定要擁有的包」（It bags）向來極為搶手，也被大量仿製，但仿冒包卻可能抑制該款包包原本的成長趨勢。

Trend cycle
趨勢循環

時尚界可以推陳出新的點子就是那麼多，因此趨勢經常會顯出周期性的輪動，每個周期延續多年。這裡面有部分原因出於時尚的本質——永遠在尋找新靈感、新的美麗形象。某一年裡最最時髦的穿著打扮，可能在區區幾年之後變得極不稱頭，讓那些仍然穿戴這些服裝的人（或仍試圖銷售這些服飾的業者）顯得過時甚至落伍。但是，經過多年之後，同一種趨勢可能又捲土重來，換上全新的活力和嶄新的穿搭方式——墊肩就是一個好例子，1980年代的女強人西裝（power suits）必定配上墊肩，2000年後墊肩又以展露身形線條的晚禮服形式回歸。這就是所謂的趨勢循環。

趨勢預測師必須追蹤趨勢如何消退以及如何重回，以確保他們領先而非落後於趨勢循環。我們在這裡探討幾個重要的趨勢循環，觀察復古靈感如何每隔幾十年便再度回歸。

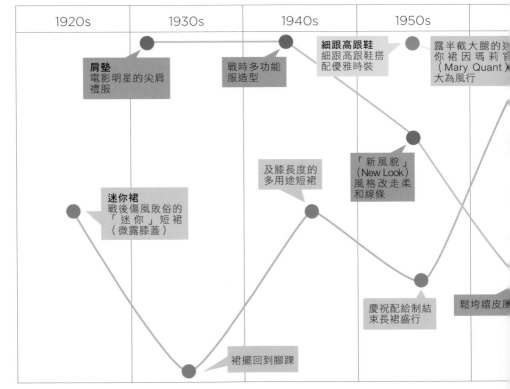

重要年代的代表性時尚，每隔20年左右會再度回歸——例如，受到1980年代影響的服飾在2000年代重現，或是1990年代的極簡主義和頹廢風也在2010年代回歸。

對於這種現象有好幾種理論說法。有人認為，20年是一個世代的標準間距，年輕人會被父母輩年輕時候看起來很酷的衣服所啟發。此外，也可能因為對上個世代的生活風格產生懷舊感，或是引用數十年前的東西作為理解當代生活的一種方式——例如在1980年代晚期、1990年代初期流行的銳舞（rave）文化（以「愛的第二個夏天」〔second summer of love〕聞名），就是在向1960年代晚期沉浸在無憂無慮嬉皮氣氛裡的花童們招手。

也有人認為，一種風格約需20年的時間才能走完一輪循環，經歷流行、過度曝光，然後退流行、被遺忘的各個階段，直到被新一代重新發現和採行。

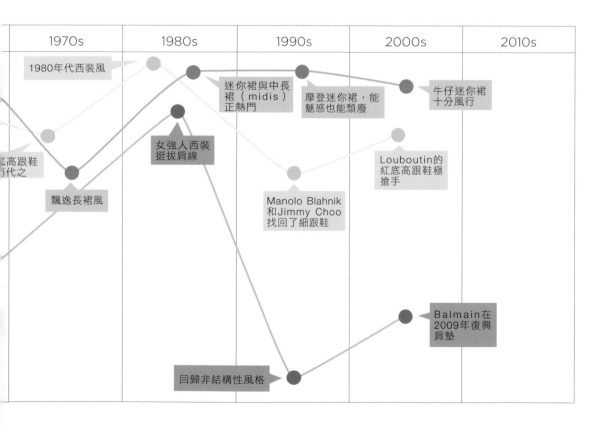

Trend ifluencers
趨勢影響者

趨勢不會無中生有——它們形成於多種的創意與訊息的融會，加上重要影響者的塑造和孕育，諸如時尚專業人士、流行文化偶像等。這些因素都會影響到一則趨勢的生命週期，同樣也影響到大眾對於趨勢的接納。

影響趨勢的人物，從以往的皇室成員和上流社會超級富豪，轉變為設計師、名人，以至於現在的街頭風格明星（參閱第一章關於更多歷史影響者的內容；改變中的影響者請參閱第62頁）。我們在這裡要探討的是，從街頭風格到高級時裝的不同影響，如何參與塑造流行趨勢。

一直到不久之前，流行趨勢的關鍵影響者都還是那些對業界非常熟悉的時尚專業人士——以生產、傳播新產品為業，或在世界各地行走、追蹤各地新事物的人（見下方的「傳統影響者」）。下表列舉的人物不是唯一的清單，但大致囊括最重要的角色，這些人將創意轉化為流行趨勢，讓靈感被看見，或透過傳播，或以親身實踐的方式共襄盛舉。根據羅傑斯的創新擴散理論，這些人屬於啟動趨勢的創新者和早期採行者。

傳統影響者

* 造型師   * 零售業者
* 編輯   * 名人
* 作家   * 戲劇服裝設計師
* 設計師   * 模特兒

新興影響者

* 街頭風格明星
* 部落客、社群媒體明星
* 創意消費者

Burberry的2012年秋冬新裝發表會前排貴賓。名流現在也加入時裝專業人士的行列，並被安排在觀眾席第一排。從左至右：歌手will.i.am、名流部落客Alexa Chung、演員傑瑞米·爾文（Jeremy Irvine）、演員克蕾曼絲波西（Clémence Poésy）、演員艾迪·瑞德曼（Eddie Redmayne）、蘿西·杭亭頓（Rosie Huntington-Whiteley）、攝影師（Mario Testino）、演員夫凱特·伯絲沃（Kate Bosworth）及導演麥克·波利士（Michael Polish）。

寶萊塢女演員Aishwarya Rai出席2015年坎城影展。紅毯的名人穿著打扮足以對潮流產生影響,尤其是晚禮服時尚。

The red-carpet effect 紅毯效應

走紅毯的名流,以及為他們著裝和做造型的人,對於流行趨勢有日益增加的影響力。尤其是晚禮服設計,直接從紅毯時尚獲得許多靈感,此外,包括像領口開襟方式、顏色、裝飾配件、服裝輪廓等細節,也能影響其他類型的產品。

社群媒體、時尚部落格、電影首映會的媒體報導、藝文開幕活動、頒獎典禮,都能讓名人禮服和造型剪裁方式獲得曝光機會,不論對消費者或對設計師都具有啟迪性。紅毯亮相的短暫片刻,無疑是宣揚設計師創作魅力的最好機會,如果沒有這個管道,恐怕一般消費者也無從得悉。

許多品牌現在都把紅毯看作宣揚自家設計的重要手段──也是行銷品牌的大好機會。全球每年有數以億計的觀眾欣賞好萊塢和寶萊塢舉辦的頒獎典禮,對時尚的關注程度不下於頒獎本身。

「電影和媒體對於大眾具有強烈的影響力:民眾認同名人,名人左右了他們選擇的穿衣方式。『從紅毯到服裝門市之間的連結』源自於明星放射出的光環,民眾對此產生了認同。事實上,我們多年來一直有客人要求訂做跟紅毯禮服一模一樣的服裝,這證實我的工作絕對不是一場風格遊戲,或以追求設計為目的,即便對明星來說也是如此,反之,它是基於非常踏實和具體的靈感。舉例來說,在喬治克隆尼的婚禮之後,我們注意到訂做跟他在婚禮上穿的三件式西裝類似的訂單增加了。」

喬治‧亞曼尼,摘自WWD.com,2015年2月

不過別忘了,雖然名流的服裝影響力甚大,這些人很少自己挑選衣服,而是交給經驗豐富的時尚專業人士──造型師,來為他們代勞。

Changing trend influencers
改變中的趨勢影響者

影響趨勢的人——以及這些人影響趨勢的方式——正在發生變化。雖然許多潮流仍然透過傳統的趨勢影響者，由上「滴漏」到下方的人口，但趨勢同樣可能由消費者這端產生，最終影響到高級時裝（「浮升」趨勢）。我們在這裡要探討的是，趨勢如何經由傳統或新興影響者傳播到市場的其他地方。

滴漏理論
生活富裕、一向與潮流接軌的「精英」消費者，花錢買的是最新潮的產品，他們光鮮亮麗、令人嚮往的生活風格，引發次階層消費者興起效法之意，重要的流行趨勢被複製出較廉價的版本。富人消費者為了維持精英的身分，以購買最新的高級時裝來拉開跟其他人的差距，令手頭較不寬裕的消費者難以望其項背（但最後還是會加以複製）。通過這種方式，處於社會最上層消費者採行的趨勢會逐漸向下擴散至不同階層的市場，影響到下層群眾的穿著。

滴漏效應

設計師/
精英消費者

↓

零售業者/
媒體

↓

消費者/
大眾市場

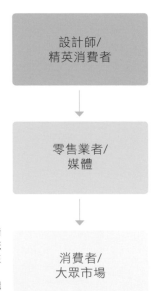

1995年的戴安娜王妃。精英階層如皇室成員、名流和其他富有的消費者，向來是傳統中的潮流帶領者，唯有他們有能力持續採購時尚和嘗鮮新設計。這些新時尚進一步被時裝專業人士和零售業者模倣，提供大眾市場的消費。

浮升理論

設計師、時裝專業人士等趨勢影響者也會受小眾團體、小眾風格、次文化的啟發，進而透過自身專業能力將小眾美學推廣給大眾——像泡泡向上浮升一樣，把地下美學推升到主流市場以及時裝秀伸展台。這種傳播方式也稱為逆滲流理論，表示「底層」的潮流也會影響到「高層」文化。研究次文化和小眾族群已經是許多年來設計師尋找靈感的熱門方法，聖羅蘭在1966年推出的「左岸」Rive Gauche系列，受到巴黎左岸「垮掉的一代」風格的影響，便是其中最顯著的例子。此外，設計師也會從非主流世界汲取靈感，譬如夜店文化、地下音樂表演舞台、土著部落、青少年次文化、極限運動等等。

直接將次文化或風格族群的東西大規模移植到時裝裡，很少會在商業上奏效，但預測師可以觀察在這些族群裡誕生了什麼新興影響，透過小眾媒體的資訊、藝術家，觀察年輕人或街頭風格採納了他們風格裡的哪些元素（衣著/造型/配件/品牌）。

浮升效應

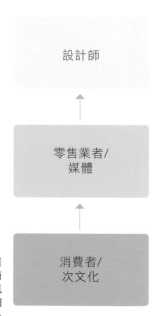

設計師

↑

零售業者/
媒體

↑

消費者/
次文化

造型獨樹一格的消費者——這些人經常出現在街頭風格影像裡，他們和風格族群都擁有推升流行趨勢的能力，這種能力原本是由零售業者、設計師、品牌業者所壟斷。

涓滴擴散理論

相較於趨勢隨著時間由上往下擴散或從底部向上蔓延，涓滴擴散理論的看法是，流行趨勢在市場各個層面可以同時獲得。當一個趨勢能夠以不同的價格出現在不同層級的消費者面前時，就表示涓滴擴散趨勢發生了。最近的一個例子是2013/14年冬季的粉彩粉紅外套，它是時裝秀上的主打款，也同時出現在設計師高級時裝店、中間市場和快速時尚門市，因此消費者不論口袋深淺都負擔得起這款流行新品。涓滴擴散流行趨勢從1930年代起就變得日益常見，當時的主流零售業者將重要設計師的作品改版成自家商品的做法已逐漸被接納。

涓滴擴散的流行趨勢

Timberland工作靴的流行趨勢在每個市場層級都同步擴散，同時受到設計師品牌、消費者和名流的青睞。

新生態系統

儘管滴漏、浮升和涓流擴散趨勢仍十分常見,現在要追蹤趨勢以什麼方式發展卻變得更加困難。民主化的時尚和網路媒體,意味著趨勢也可能從中間市場發起,向外擴散到頂端和底層,也可能從次文化直接跳上奢侈品牌,不經過大眾市場。

與過去幾十年相比,重大的流行趨勢現在也不如以往那麼具有主導性了,消費者不再像過去一樣對單一風格買單(例如「棕色是最潮的黑色」這種律令現在已經行不通了)。因此,趨勢發展的路徑不再是那麼歷歷分明,某些趨勢可能只存在市場的某個層面,其他趨勢可能在不同時間攻占不同的階層,使得趨勢更像是一個多元生態系統,而不是單一流程圖。

新的生態系統:傳統流程(左)vs.當代流程(右)

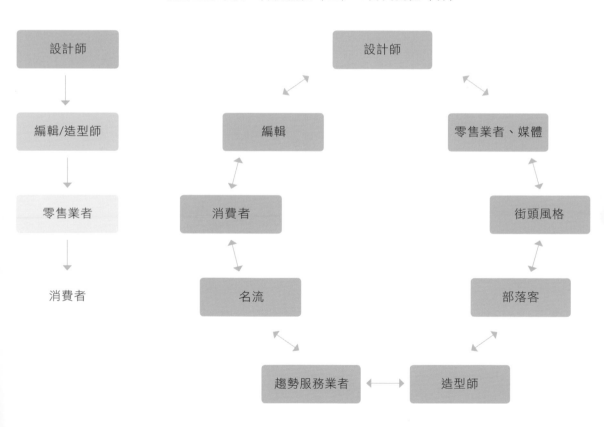

Industry profile
Aki Choklat
業界人物側寫：阿基・喬克拉特

經歷

阿基・喬克拉特是享譽國際的頂尖時裝和鞋類設計專家，時尚產業從設計到生產，他均有豐富的經驗。畢業於皇家藝術學院（Royal College of Art）的喬克拉特，擁有自己的鞋子品牌並擔任總監，也為眾多客戶擔任設計與趨勢顧問，包括哈雷機車、Caterpillar、Puma運動鞋和中東的頂級奢侈品零售商Chalhoub。他為義大利Polimoda時尚學院設立時尚趨勢預測碩士課程，並帶領這個學程五年。喬克拉特現在是美國底特律創意研究學院時裝配件設計系的主任和副教授，他把趨勢思維放入學院的教學課程之中。

您如何看待趨勢研究和進行預測？

我的趨勢研究方法十分直觀。我盡量不要從一開始就過度系統化，寧可讓自己保持開放。我會關注更大格局的文化現象，瞭解我們作為一個社會的未來走向。我們最終想要掌握的是人們的消費模式，在他們開始採行之前。

您有一套方法論嗎？

有。我總是從書寫、手繪我看到的東西開始。我往返在美國教職和歐洲業務之間，旅行頻率非常高，加上演講，因此我會一直看到有趣的人事物。每年我都會記上好幾本筆記本，需要時我就開始查閱過濾資訊。因此我是從觀察文化，過濾訊息，跨界參考出發，看出是否有一條能夠發展為趨勢的途徑。

您覺得時尚產業裡哪個環節對您的工作最具啟發性，就社會、文化或美學層面而言？

時尚產業裡的一切我都喜歡。我喜歡看原物料展，瞭解有什麼創新、生產出現什麼新走向。我喜歡街頭風格，喜歡拍攝有趣的人，和具有個人風格的對象。我喜歡街頭的民主氣息。我也分析時裝秀，幾乎每一場我都分析，不僅是從趨勢專業的角度，我也盡可能從時尚愛好者的立場出發。

您使用誰提供的趨勢預測服務，來自專業公司或個人預測師？

我喜歡哥本哈根未來學研究所，以及未來實驗室（The Future Laboratory），這兩個機構在他們的網站上都有很棒的免費內容。當然，WGSN就像一艘母艦，我從它那邊理解全球的零售狀態；Trendstop（我一直擔任顧問）提供我顧客導向的流行趨勢。

您覺得對於趨勢的應用如何改變了時尚產業？

趨勢機構過去一向處於強勢領導地位，因為它幫助企業認清未來的走向。現在網路上的資訊汗牛充棟，許多企業覺得自己做預測就可以了。我認為這是一個大問題，跟過去比起來，現在尤其需要專家的協助。許多高級時裝業者漫無目標地下載趨勢報告，釘在工作板上，根據這些資訊來做設計，我認為事情不該這麼做……趨勢可以帶來很棒的靈感，但如何翻譯其中的訊息，是一件加倍困難的事。

有哪一件東西是趨勢預測師不可以沒有的？

一台筆電，用來記錄自己的經驗。你就是所有瀏覽器裡最好用的。

什麼事情最能激發您的靈感？

有創意的人。音樂家、職人、作家……那些會做我不會做的事的人。還有把事情做得很好的人也能激勵我。在設計和時裝方面，我喜歡跟年輕人和創新者打交道。我也受到城市和城市裡的一切所啟發。東京帶給我靈感。

Party Chambers　　The Paris Match　　Le Départ

網站、部落格、書籍、地點、物件……哪一項是您不可或缺的工具？

我的閱讀清單很長，但平常的閱讀習慣絕對必要，從格奧爾格·齊美爾、托斯丹·范伯倫、華特·班雅明，還有埃弗雷特·羅傑斯以及理查·道金斯。對於流行資訊，我喜歡像《Garage》和《Vogue Italia》之類的時尚雜誌。我也試圖讀懂那些風靡日本的雜誌，像是《Popeye》和《Free & Easy》。視覺造型方面我喜歡《Volt》雜誌，還有《Plethora Magazine》簡直讓我瘋狂。網站方面，當然喜歡SHOWstudio，此外還有khole.net和DIS Magazine.com。

您是如何進入趨勢預測這個領域的？

從皇家藝術學院畢業後，我的第一份工作是在倫敦一家事務所Bureaux做預測，他們為《View Magazine》提供趨勢資訊，也有國際級的客戶。當時事務所在找一名鞋類專家，於是連繫上我。這是我第一次的趨勢演出，我真的愛死它了。

您對現在準備投入流行趨勢的人有什麼建議？

要多讀點社會科學，甚至不可少於研究時尚和時尚文化。如果你熱愛時尚之美，又不想成為設計師，但你又喜愛時尚裡的商務，但又不想成為商業分析師，那麼，趨勢預測就是一條落在中間值得考慮的理想道路。

The rise of the blogger 部落客的興起

時尚資訊流一直在持續演變,消費者和非專業人士現在也都獲得了話語權。在顧客導向的時尚影響層面裡,最明顯的變化就是時尚部落格的興起。大約從2004年起,許多人開始在網路上記錄自己的裝扮風格,這群操作起科技與媒體如家常便飯的新世代如今具有非常大的影響力。他們的「局外人觀點」比起傳統時尚雜誌獨占式的見解更能引起消費者的共鳴。

靠著自己的網頁,一台相機,敏銳的個人風格,以及對時尚的熱愛,部落客們對時裝品牌、媒體和產品給出他們真實坦率的意見。這樣的方式引來全世界數以百萬粉絲的關注,被他們看待時尚和流行的坦誠和風趣所吸引。品牌業者一旦意識到他們對品牌粉絲有多大的影響力,就不敢再對他們嗤之以鼻,粉絲們會對他們喜愛版主的最新推薦和「夢幻逸品」進行秒殺。被版主列為「非買不可」的產品可能在短時間內銷售一空,光憑他們自己的愛好,就可能揚起一波趨勢。

部落格如今已成為現代時尚體制裡的一分子,他們帶領讀者進入時尚業封閉的圈子裡,進而創造出一股強大的新形態趨勢影響。人氣最旺的部落客現在被各大設計師奉為上賓,邀請他們參加許多原本只保留給「圈內人士」的活動。

極具影響力的時尚部落客 Leandra Medine,她成立了人氣網站「Man Repeller」。

練習：
追蹤一則趨勢的演變

應用在本章裡闡述過的趨勢基本技巧來追蹤一則流行趨勢的演變。選擇一種顏色，一個關鍵品項，或某種造型潮流，觀察它如何從最初的創意演變成全面實現的流行趨勢。從非網路媒體和網路媒體裡找出你觀察趨勢的影像案例，接著再進一步分析趨勢的走向——是逐漸茁壯或消褪？

這些來源有助於你追蹤趨勢
* 雜誌、報紙、部落格裡的文章。
* 你認識的人、街頭看到的人和你在社群媒體上關注的對象。
* 電視節目、音樂錄影帶、展覽、電影。
* 紅毯報導、名流風格。

剪下雜誌圖片和其他實體來源圖片，製作成一面趨勢追蹤板，或利用數位書籤甚至Tumblr部落格，把所有蒐集到的圖片保存在同一處。

研究最近的一則趨勢如何演變成現況
* 這股趨勢是從哪裡開始？
* 它一路如何演化？
* 關鍵影響者有哪些人？
* 這個趨勢是向上浮升，向下滴漏，或涓滴擴散？
* 你認為這是一種熱潮、季節性潮流或長期趨勢，甚至可構成經典？
* 思考這個趨勢為什麼會流行起來。
* 目前是由哪個群體在推動這一趨勢（早期多數/落後者等）？

觀察目前的一個創意如何演變為未來的趨勢
* 尋找一個品項，顏色搭配，或風格，在你看來有趣、不尋常，或對你來說是全新的。
* 將你看到這個想法出現的地點記錄下來——來自街頭風格、社群媒體、伸展台、店面、雜誌或紅毯。
* 這個創意是從哪裡來的——來自傳統影響者或新興影響者？
* 這個創意如何演變成完整的流行趨勢？
* 想想有哪些因素可能推動這股趨勢變得更加流行？
* 哪個族群正在推動這股趨勢（創新者/早期採行者等）？

等你對自己指認趨勢演變的能力更有信心之後，就可以將學來的技巧應用在觀察目前正在發生的趨勢演變。

ELEPHANT

HOW TO MAKE A DENT IN THE UNIVERSE

ART VS SILICON VALLEY

smith
JOURNAL

PORT

"Aren't you just seeing out the typical bitterness of the aging hipster; a pathological desire to be taken seriously?"

WILL SELF   INTERVIEWS   WILL SELF

Dansk

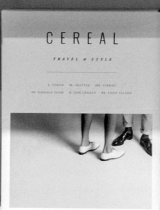

CEREAL

TRAVEL & STYLE

KINFOLK

oh comely
keep your curiosity sweet

It's spring!
We celebrate with stories and sisterly mischief

RE-EDITION

wehaveeverything & wehavenothing

LOVE

LILY ROSE DEPP

4

Trend Research

趨勢研究

這一章要探討如何尋找創意和靈感——去哪裡可以找到新的、未來的事物，如何掌握時代精神的脈動，以及如何尋找初生階段的趨勢。

本章的重點已經從探討趨勢理論或產業如何運作，轉向趨勢研究的實務方法、整理創意、運用自己的直覺。我們會逐一介紹可供研究的重點領域，包含從流行文化到科技領域。我們會認識什麼是一手研究，什麼是二次研究，說明親身參與的重要，以及體驗實際對象的重要。優秀的趨勢創意往往來自多元的來源和研究方法，因此我們鼓勵你採取橫向思考（不同於尋常的思維）的方式來做研究——你永遠不知道下一個好點子會從何處而來。

跟做研究一樣重要的，是整理你的資料來源和創意，以便於日後找回和引用。我們會在這一章裡介紹幾個主要的實體方法和數位方法，幫助你整理蒐集來的靈感。

時尚雜誌和設計雜誌，蒐集圖像和創意是進行趨勢研究很好的出發點。

Research
研究

這一節我們要介紹為趨勢注入內涵、啟迪趨勢靈感的資訊，認識這些資訊的性質（what），蒐集它們的原因（why），和去哪邊尋找（where）這些在流行文化、設計、娛樂、生活風格裡發生的東西。

準備出發

第一步是要建立自己的資料庫，需要用時便能隨時從資料庫裡檢閱、尋找靈感和想法。去你喜歡的媒體、地點、網站看看，尋找裡面很棒的資訊或影像概念，或是獨門觀點也好。接下來幾頁裡提出的領域和素材來源，對你踏出做研究的第一步會很有幫助。

不要把研究對象設限在時尚材料裡。最強有力的趨勢能夠發生在大範圍領域，來自設想周全而且往往深澀的來源。所以第一步就是要跨出時尚圈，否則，你只是在重新創作市場裡正在發生的東西，而不是推動它向前發展——畢竟，前瞻才是趨勢預測的目標。

上網搜尋時要以不一樣的方式思考。除了流覽你喜歡的網站，也要注意相關連結，或閱讀相關故事，以發現新的靈感泉源。此外，與你的研究路線相近的專業媒體和網站也值得探索，譬如科學期刊或產品網站。

右：Gucci Cruise 2017年
時裝秀，在倫敦西敏寺修
道院的迴廊裡舉辦。

左頁：雜誌剪報是有用的靈
感來源。

流行時尚

What

如果你準備從事時尚趨勢預測工作，建立一個時尚資料來源庫會是邁入研究
的簡易方法，可以從時尚雜誌著手（從小眾到主流的都要），以及觀看時裝
秀或流覽時裝秀圖片，或參加新裝發表預覽會、非公開發表會。

Why

如果你面臨篩選想法的困難，不知如何理出一條可行的產品走向，回頭檢視
你的時尚資源庫可以助你一臂之力。但時尚資源更多時候是讓你跟產業動態
保持同步，讓你走在時尚潮流的最前端——如果還沒有超前的話。

Where

最好是去參加時裝秀。現場的活力和氣氛會告訴你，哪些設計跟媒體、買家
最有共鳴。

* 觀看直播或錄影時裝秀。
* 關注時裝秀網站，例如catwalking.com或imaxtree.com，這些網站會提供
  重點材料、細節、配件和模特兒的特寫。
* 時尚趨勢服務機構提供的資訊。
* 閱讀主流媒體或消費者時尚資訊網站上的時裝秀報導，例如style.com。
* 隨時關注媒體——尤其是時尚雜誌，包括給業界看和給消費者看的——有
  助於了解目前的穿搭重點以及當前流行趨勢的接受程度。
* 關注重要的時尚影響者，包括編輯、造型師、社群媒體版主，以獲得第一
  手的報導，和瞭解他們對當季重要新裝與風格的看法。

Rodarte的2014秋冬新裝，受到原始版星際大戰電影系列的影響。

流行文化

What

走在流行文化的最前端，對於主流成衣，其是快速時尚品牌來說都無比重要。哪些歌手、名人、電影、電視節目、活動，是每個人都在談論的？這些東西一一注入時代精神，而時代精神又形塑了趨勢風貌和發展（參閱第一章，第16-19頁）。

Why

新出爐的娛樂影響力特別大（賣座的電視影集；《冰與火之歌：權力遊戲》、《廣告狂人》），續集電影、重拍片（《星際大戰》，《銀翼殺手》）。電影長期以來一直影響著時尚，也值得特別留意，譬如1986年的曲棍球電影《血性小子》（*Youngblood*），就影響了Stuart Vevers為Coach所設計的2016/2017秋冬新裝。電影的啟發性和影響力可以從影片的服裝設計、製片設計、攝影而來，或單純因為片中所傳遞的訊息。電影也經常要做多年的前置規劃（十分類似展覽會），得以參與時代精神的塑造。

Where

* 雜誌封面
* 社群媒體的「人氣榜」
* 辦公室茶水間的閒聊
* 主流媒體報導
* 電影與電影節等活動

為你研究的市場建立一批專門的資訊來源，保持追蹤，或知道要去哪裡找，讓自己隨時掌握最新資訊，不管什麼任務一來都能駕輕就熟回應。

以晚禮服計師來說，要追蹤的有高級時裝、新娘禮服、婚禮市場，也要掌握名人動態、紅毯鏡頭，熟悉高級布料與材料商展。

一位男裝設計師要瞭解牛仔布、薩佛街（Savile Row）的量身訂作西裝、名人、運動明星、音樂文化、零售門市、食品和飲料、科技和建築等。

東京2017年秋冬時裝週會場外。街頭風格捕捉到的照片能帶來新的造型靈感，也有助於新品牌和新潮流的曝光。

街頭風格

What

街頭風格在時尚界裡的影響力越來越大——特別在髮型、青少年文化、牛仔服、運動休閒服的趨勢方面。光是時尚專業人士、時尚部落客（參閱第33頁）、以及其他有型的專業人士穿搭出整體造型的方式，就能夠引燃全新的造型趨勢，同時也透露哪些品牌和設計正在吸引早期採行者的興趣。時裝週是繽紛街頭風格的野放時期，此外，許多部落格、雜誌、網站都會對街頭風格做全年的追蹤報導——像代表性的The Sartorialist網站，以及WGSN等趨勢服務機構的定期報導。

Why

時裝發表會不是唯一值得尋求靈感或造型的地方。活動盛會，譬如音樂節，也能見到休閒或宴會時尚的創意噴發。參加藝術活動、設計活動（參閱「藝術」，第78頁），可以發現非常時髦的風格靈感。

次文化成員，例如特定類型的音樂粉絲，或崇尚特定生活風格的人士，也可能貢獻趨勢的生成，因為他們是某種特殊打扮的早期採行者甚至創始者，隨著時間推移，這些風格可能逐漸擴散至集體意識之中。

Where

* 街頭風格部落格。
* 個人風格部落格。
* Instagram和Tumblr。
* 時尚刊物——包括數位和印刷刊物。
* 趨勢服務機構——WGSN，Trendstop等（參閱第二章，第38-39頁）。

House of Hackney倫敦
店。創新的零售商店可以
提供新產品的創意,也是
展示新品牌和新設計的場
所。

零售店
What
零售研究,譬如進行比較採購(comp shopping),是檢視不同品牌和設計師如何看待重點潮流的好方法,零售店也能提供新的創意想法,也可觀察哪些趨勢的銷路不錯。

Why
零售是趨勢過程的最後一站,因此做零售研究往往能有效確認某個趨勢是否流行,卻不容易尋找新趨勢。但在精品店和專賣店才能找到的獨特存貨,的確能刺激新靈感,或開發新的研究路線。

Where
* 逛街。新開幕的商店、主要購物街、初嶄露鋒芒的城區。
* 數據趨勢服務機構,例如TrendAnalytics、Edited和WGSN InStock。
* 時裝業報導,如Drapers、WWD、Retail Week、Sportswear International、Footwear News。

設計
What
設計涵蓋了大範圍的技藝和產業,從建築、產品設計、到室內設計、家具、平面圖像,甚至家電用品。

當你在搜尋影響力的合適來源時,很重要的一件事是確認所有資料都有妥善記錄、存檔或加上書籤——要兼顧著作權和方便未來引用。遵循這個原則,你就能建立一個包含大量來源具有價值的資料庫,再按多元的主題分類讓你能快速不費力地應用。這個工作也能讓你持續不斷累積最新的創意,掌握最新的事物和處在最熱門的地點。

2015米蘭家具展中的Flö-totto攤位。

Why

設計師經常會實驗新材料和造型,這些都能啟發時尚潮流。設計師也對空間、形狀、服裝輪廓提出新的思考方式,啟發時裝設計師的工作。

產品設計

新產品不斷在推出。貿易展是觀察材料、顏色、形狀和款式的好機會,可以在門市推出前、甚至在零售店搶進前先看到產品。

建築

建築設計能對時裝業產生很大的影響。包括像Hussein Chalayan、三宅一生、Dice Kayek等服裝設計師,都曾受建築比例、規模、工程靈感所啟發。

Where

* 設計網站——Dezeen、Designboom、It's Nice That。
* 貿易展、主題展——米蘭的Salone del Mobile;巴黎的MAISON&OBJET,在亞洲和美洲也有;倫敦的Design Festival;荷蘭愛因荷芬的International Design Expo。
* 設計雜誌——《Eye》、《Elle Decoration》、《Frame》。
* 展覽——紐約古柏惠特博物館(Cooper Hewitt);以色列霍隆設計博物館(Design Museum Holon);巴塞隆納當代文化中心(CCCB);倫敦設計博物館(Design Museum);赫爾辛基設計博物館(Helsinki Design Museum)。
* 零售研究——觀察在商店櫥窗裡、模特兒身上有哪些趨勢特別受到重視,或在店家網站、品牌電子報裡促銷。

藝術

What

藝術的領域廣泛，但在提供靈感上卻無比重要，不僅因為你可以跟其他形式的創意接軌，其他領域的創作者也能為你的工作帶來新東西。從流行趨勢的角度來看，最密切相關的領域有當代藝術、戲劇和舞蹈。

Why

藝術——其是視覺藝術——長久以來便影響著設計師和潮流。時尚與藝術之間的關係向來密切，一些設計師直接從藝術品汲取靈感用於自己的作品，例如聖羅蘭著名的「蒙德里安」洋裝。

Where

看展覽，是讓自己沉浸在新創意裡最簡單——也是最愉悅的辦法。看看你所在的城市有什麼大型展覽和重要藝廊。新藝術家、名藝術家能夠以新鮮的方式來思考色彩、質感和情緒。重大的展覽對於設計、文化和時代精神都格外具有影響力。美術館的特展規劃時程都會提前幾年公布，因此可作為有用的指標來衡量你研究的季節會有什麼東西推出以影響流行文化。例如紐約大都會博物館（Metropolitan Museum of Art）在2005年舉辦的《Rara Avis》展，推崇艾瑞絲·愛普菲爾（Iris Apfel）作為全球性的時尚偶像，顛覆了年長女性的穿衣印象、或怎麼穿才得宜的成見。

艾瑞絲·愛普菲爾為她在2005年的個人時尚展《Rara Avis：艾瑞絲·愛普菲爾精選展》做最後的裝飾。這場展覽讓這位當時年屆84歲的紐約人瑞一躍成為時尚偶像。

藝術展
紐約的軍械庫藝術博覽會（The Armory Show in New York）；巴塞爾、香港、邁阿密海灘都有的巴塞爾藝術展（Art Basel）；倫敦的斐列茲藝博會（Frieze London）；威尼斯雙年展（Venice Biennale）。

劇院
作家通常會對人們的生活方式和憧憬事物提出獨特的觀點，因而激發出新的思維。實驗性的劇場或劇團也經常跟實驗性格濃厚的舞台、音樂、服裝設計師合作，這些都可能帶來新的靈感層次。

圖書
藝術圖書出版社的出版新品和即將出版新書能打開嶄新的影像視野，深入藝術家作品，發掘地下人才和尚未被發掘的藝術家，或認識原住民藝術。

舞蹈
注意當代舞團或實驗舞團，例如邁可・克拉克舞團（Michael Clark Company），或侯非胥・謝克特現代舞團（Hofesh Shechter Company），透過動作和身體之美提供新的視角。

自左至右：邁可・克拉克舞團在2015年格拉斯頓伯里藝術節（Glastonbury Festival）上表演；肯亞藝術家Cyrus Ka-biru的眼鏡雕塑藝術，作為改變觀看非洲方式的一個隱喻。出自「製作非洲：當代設計大陸特展」（Making Afri-ca: A Continent of Contemporary Design），與Amunga Eshuchi共同策劃，2016年巴塞隆納當代文化中心。

生活風格

What

追蹤消費者的生活風格潮流，瞭解人們如何出遊旅行、如何社交、如何打發時間、如何花錢，讓自己處在趨勢最前線。全球型消費趨勢服務機構可定期提供消費行為和生活風格動態的報導，對於研究特定群族（譬如千禧世代或嬰兒潮世代）、特定產業（如奢侈品和旅遊業）尤其有用。不過好的趨勢研究者自己就可以做到這些事情，譬如，透過追蹤主流媒體來領會時代精神，以及你研究的市場即將浮現什麼趨勢。

Why

這類訊息可以為你的趨勢研究提供脈絡，對於掌握大趨勢或提供背景研究特別有用。生活風格的領域包括健康和愜意生活、美容、旅遊、汽車、運動、休閒——每一項都可能為你的下個研究帶來靈感。生活風格的研究為時尚趨勢預測提供了一幅「大畫面」，增添了深度性——也讓你提出的趨勢更為扎實。

Where

* 專家演講——TED Talks、Do Lectures、各種創意研討會。
* 研究機構、公司、網站——LS:N Global、Protein、PSFK、Cassandra Report、Stylus、Faith Popcorn's Brain Reserve。
* 主要大報（印刷版或網路版）。
* 電台——NPR、BBC Radio 4。
* 新聞和時事雜誌——《時代》（*Time*）、《經濟學人》（*The Economist*）、《大西洋》（*Atlantic*）、《新共和》（*New Republic*）、《紐約客》（*New Yorker*）。

食品與飲料

What

食品和飲料在社會脈絡下的影響力與日俱增，尤其近年來人們更加重視食品來源、造型風格、以及體驗方式。

Why

從食物和飲料的選擇可以瞥見人們優先考慮什麼、渴望什麼，食物和飲料也提供關於質地、顏色、外表和情緒的豐富創意。

Where

* 新餐廳。
* 雜誌——《Kinfolk》、《Lucky Peach》。
* 社群媒體，特別在Pinterest和Instagram上。

《紀念碑谷》遊戲，UsTwo出品。

數位文化與科技

What

我們的工作方式和娛樂方式已經越來越數位化，遊戲就是最鮮明的例子，且儼然成為趨勢影響的後起之秀——從美學層面（如《紀念碑谷》〔*Monument Valley*〕）到遊戲本身所傳遞的訊息（例如《大山模擬》〔*Mountain*〕或《Depression Quest》）都可見一斑。

認識不斷推陳出新的網路及社群媒體使用方式、遊戲體驗、新技術開發——從主流裝備如智慧型手機，到VR虛擬實境穿戴裝置、連身動力服（exoskeleton）、AI人工智能等先進的創意——我們也不斷將靈感往前推升。

Why

我們幾乎可以斷言今日的文化「就是」數位文化。人們的生活越來越掛在網路上，某些美學、族群、行為模式和想法，幾乎只存在於網路裡。數位產業永遠在創新，為人們帶來形式和功能上的可能性，刷新你舊有的想法。

Where

* 學術機構——麻省理工學院媒體實驗室、皇家藝術學院。
* 以科技為焦點的媒體——Wired、TechCrunch、The Mary Sue、Gizmodo等網站。
* 科技產業活動——消費電子展、SXSW互動式多媒體大會、Lift Conference、E3遊戲展、世界行動通訊大會、Digital-Life-Design。

Imagery
視覺意象

趨勢預測的工作中，視覺意象（imagery）是至關重要的成分。它是構成趨勢元素的視覺提要，幫助觀者掌握趨勢背後的淵源，以及它傳遞出的整體感受。快速瀏覽一下情緒板裡的圖片，你大概就能抓到一則趨勢是怎麼回事，它的對象是誰，它在說些什麼。

影像蒐集的來源極為多樣，詳情見第五章，包括雜誌，書籍，網站，部落格，攝影師，藝術家，時裝和設計拍攝，產品圖片，媒體報導，以及個人的照片。

持續進行研究對於趨勢預測絕對必要，這樣你更能讀出趨勢是如何形成的。你可以選擇每天花一點時間尋找圖像添加到你的研究裡，或是每週花幾個小時來做這件事。一則研究如果關心的時間間隔超過一個禮拜，就很難抓住趨勢成長的真實狀況。

當然，可能有迫在眉睫或臨時性的案子把你從進行中的研究拉走，這時，手邊有一系列具有創新性、又值得信賴的影像素材來源就顯得重要了，這樣一來即使有必要，你也可以放心投入其他領域。

左：Heimtextil貿易展裡的一張趨勢工作桌。精心挑選的圖案有助於闡述趨勢理念。

右：趨勢研究最初期的情緒板，貼滿了啟發靈感的意象。

黎塔波‧查欽揚（Lethabo Tsatsinyane），《Dazed》雜誌，克里斯‧桑德斯（Chris Saunders）拍攝，2010年。透過旅行瞭解國際的流行趨勢能打開你的視野，見識新的印染法、圖案、色彩、服裝輪廓──也能吸收新的想法。

Cultivating curiosity 培養好奇心

一位優秀的趨勢預測師要善於研究模式和發現模式，然而，偉大的趨勢預測師最重要的特徵，卻是無窮的好奇心。

並不是每個人天生都擁有無止境的好奇心，但好奇心是可以培養的，不妨試著享受擁抱新事物的刺激感。對一位趨勢預測師來說，「你不知道你不知道些什麼」的想法就是一種解放──代表你還不知道靈感會把你帶往哪裡，而這，會是一件非常令人興奮的事。

你身邊的一切事物都能影響你的趨勢研究，而最終，每一件你做的事、看見和聽聞的東西、你的經驗，都可以成為研究的對象。

* 從廣泛涉獵開始──啟發眼界。
* 從找到的東西裡發現模式。
* 到處看──觀察，思索，「將點連接成線」，運用你的直覺。
* 樂於讓靈感帶領你，信任它們的帶領，並且聆聽。
* 以開放的心態出發──你永遠不會知道想法和靈感會從哪裡來。
* 擁抱新發現。

不要把做研究看成一項艱鉅的任務，調整你的心態，它只是用一種新的方法去發掘不尋常的、全新的、非凡的事物，同時也是在觀察時代精神的細微變化。

運用直覺

做研究和分析的過程裡，感受和直覺對於構思一則趨勢特別重要。形成趨勢的想法可能會被潛意識所吸收，而且集體潛意識往往就是凝聚趨勢的能量。

直覺無法被傳授，但每個人都擁有一定程度的直覺——你只須學會傾聽它的聲音。是否當你在發現新東西時，曾湧出過一股「出現了」的怦然心動感？那一刻你感覺自己發現了一個以前從未有過的想法、主題、人物、產品、地點？或是你正在研究的東西，突然讓你想起某個曾經在哪裡看過的東西，「砰」一聲——那就是你的直覺在作用。

直覺需要靈感滋養，所以要盡可能吸收新奇且不尋常的地點、想法、經驗，讓你的頭腦靈活起來，你的直覺也會跟著變活躍。深入前面所列舉的各個領域，尋找有什麼人、什麼領域或產品真正能抓住你，注意自己什麼時候會有怦然心動的感覺。如果你發現自己經常拜訪某些網站，查看某幾位藝術家或某些產業，這可能表示你已經發覺某些特別令你靈感大作的區塊——這時就要好好開發它。

了解哪些東西令你特別有感，這件事十分重要，這是我們之所以要在這裡提供不同的研究方法和素材來源的理由。尋找靈感可能很棘手，因此重點是了解自己擅長的工作方式和啟發你的是什麼——要順著靈感工作，不要反其道而行。

如果有你喜歡的雜誌，就去訂閱。有你喜歡的網站，就去登入電子報。遇到感興趣的人，就去社群媒體關注他們。

請你自問：
* 這是新的嗎？
* 它如何與眾不同？
* 我感興趣的地方在哪裡？

練習：
列出資源清單

趨勢預測的基礎是強大的研究技能。建立一個可以隨時查看的資源庫，不僅能確保你的研究跟當代同步，而且還能前瞻未來。好的資源庫也讓你在面臨新任務時有辦法做出快速回應。

* 找出73-81頁每個領域之中有趣的、具啟發性、有影響力的來源。
* 從你熟悉的來源開始查閱。
* 向朋友和同事請教，大家都從哪裡獲得靈感，或最近閱讀、看過、經歷過什麼有趣的事情。
* 想想看有哪些讀過的文章或雜誌令你興味盎然。
* 將最近發現的部落格、Tumblr版面、網站建立書籤。
* 關注社群媒體上的重要人物和機構。
* 查看不同的訊息平台——包括網路和紙本媒體、電視、電影、展覽、藝術——並留意周邊有什麼新活動。
* 確定自己有綜合的主流訊息來源（包括各大報、時尚雜誌），並且沒有漏掉最頂尖和專業的來源。
* 網路上的來源每週要查看幾次。
* 試著從你找到有趣的事物裡發現模式，這些事物要從不同的來源裡獲得才行。這就是建構趨勢的開始。

WeWork在倫敦的辦公室。WeWork是一間國際型的連鎖辦公空間，提供給自由工作者使用。

Industry profile
Louise Byg Kongsholm
業界人物側寫：路易絲・畢格・康斯荷姆

經歷

路易絲・畢格・康斯荷姆是斯堪地那維亞趨勢公司Pej Gruppen的所有人和經理。公司對每季的色彩、質料、設計走向做預測，同時也代理多所趨勢事務所的業務，包括WGSN、Trend Union、Nelly Rodi、Mode…Information、Pantone等。康斯荷姆曾在歐洲頂級品牌和零售業擔任零售與品牌諮詢，也撰寫過多本趨勢和社會學叢書。

您是如何踏入趨勢領域的？

Pej Gruppen是我父親在1975年創立的，當時我想我一直會是家族企業裡的一分子。在唸完行銷策略與管理碩士後，我在樂高工作了幾年，到了2007年，我決定嘗試進入家族企業，於是在2011年買下它。因此這個問題要看你怎麼看，我的一生都一直待在趨勢產業裡，或僅僅從2007年才開始。

您是如何做研究的？

我們的研究基礎一向都是把握現在和未來的時代精神，掌握不同世代的消費行為，以及對不同級別的趨勢做深入了解（超大型趨勢、大趨勢、微趨勢、熱潮），然後將這些東西詮釋為類型或季節性趨勢。這個過程比大多數人想像的長，但結果也更為精確。

客戶想從趨勢預測裡獲得什麼？

大部分的客戶都在尋找一種方向感，然後持續不斷調整到最正確的走向。現在人們能自行找到的趨勢靈感——包括網路和非網路的——數量都在大幅增長，因此我們把自己的角色定位為：提供斯堪地那維亞市場一個有保障、商業性、篩選過的趨勢預測服務。

您和您的客戶覺得呈現趨勢創意最有效方法是什麼？

關於如何以最適當的方式來進入趨勢、感覺、情緒、故事、顏色和質料等，每個客戶的取向都非常不同。有些人想要文字，有些人只想要視覺意象。我們發現以幾種溝通工具組合的方式會是最成功的；我們會用文字、關鍵詞、拼貼、顏色、顏色組合，再加上短片來呈現靈感。

您對現在準備投入流行趨勢的人有什麼建議？

絕對要搞清楚知道自己在做什麼；究竟你是一位很酷的獵人，一個趨勢捕捉者，一位趨勢預測師，還是未來主義者？如果你不確定這些類型的差異，也不知道自己的強弱項，那麼沒有人會僱用你。如果趨勢預測是你的職志，容我告訴你，要成為一名訓練有素、經驗豐富、專業強大的趨勢預測師需要花很多年的時間，需要有持久力，持續的客戶案子，還有扎實的人脈。除此之外，就是去做吧！

生活風格對時尚流行有多重要？

瞭解明日的消費者會朝哪個方向前進是一項關鍵要素。生活風格影響了包括我們的衣著，我們生活的地點和方式，還有我們的飲食，以及我們如何看待生活。

趨勢研究和預測的性質正在如何變化？

趨勢的速度每年都在增快，特別是時尚趨勢。我們也做家具和室內設計研究，這方面的速度就沒那麼快，飲食方面的趨勢可以延續得更久。

有什麼趨勢預測師不可或缺的工具？

腦力，還有連點成線的能力。

什麼事情最能激發您的靈感？

跟志同道合的趨勢預測師、未來學家、有創意的人

一起談話總是能帶來新的想法。我們每隔兩年會在一所智庫舉辦交流會議，主要就是為了這個目的。閱讀長篇、包含統計數據的文章和報告，被大量圖片、報價單、視頻、線上故事所淹沒，都是靈感的固定來源。當所有的點都銜接起來，並創造出一則扣人心弦的趨勢故事時，那就是最大的成就感。

Primary vs. secondary research
一手研究與二次研究

一手研究和二次研究可以滿足不同的目的，而維持兩種研究的均衡，才能確保生出一則踏實又有活力的趨勢。

一手研究

一手研究是從你的親身觀察和經驗學到的東西。一手研究的進展是透過體驗各種不同的事物——參觀展覽，進劇院看戲，看電影，甚至是光臨新餐廳，體驗新科技產品。你也可以參加講座，進行採訪，拍照。前往不同的城市或國家做旅行研究，尋找趨勢創意、材料或色彩靈感，也是另一種有效的研究方式——無論你的目的是研究陌生的時尚品牌，學習不同的文化影響，或純粹去感受環境。

一手研究是你儲存資訊和創意的資料庫，這些資料可以整合作為立即或將來之用，幫助你孕育創意的種子。這就是直覺和經驗派上用場的機會，懂得判斷什麼是全新、值得注意的，什麼是剛冒出來、令人興奮的，什麼是在你看來已經開始流行、或早已攻占主流意識的。

二次研究

這是你從其他人和機構的研究學到的東西。二次研究通常是透過吸收不同的媒體獲得——出版品、廣播或社群媒體——也可以是趨勢報告，甚至數據資料。千萬記得，你費心收集來的資料必須妥善分類建檔，才得以作為建構趨勢之用，透過你所整理過的文章、文字、訪談、螢幕截圖、放入書籤的網站、錄音資料、照片、存檔的影像等等。參閱下一節「記錄、追蹤靈感」以進一步探索這個主題。

透過二次研究，你的一手想法將進一步獲得發揮，你的想法得到多元來源的支持，被賦予了重量感——它們證明你的想法有價值或品味高雅，並且背後有很實質的內涵。

二次研究也提供一個好機會，讓你把不同來源蒐集得來的圖例整理成一個有力的收藏集，得以支援你的看法，並幫助你發展這些看法，也許從你最初摸索的方向提供出另一個新方向（參見第五章中的「趨勢會議的藝術」，120-23頁）。二次研究獲得的資料量體，也能讓你隨時可以在同事面前呈現。

在你為了深入趨勢論述所進行的二次研究裡，別忘了著手為它建立一個專屬的圖像集，對後續建立情緒板、材質和顏色想法都會有所幫助，這些東西最

後都會左右產品的設計、系列產品的建立，影響貼近季節的各類型新裝。

維持一手研究和二次研究之間的平衡極為重要。一手研究過多，會讓你的趨勢缺乏堅實性，看起來像是你的個人意見；而如果二次研究太多，又會讓人覺得你的趨勢缺乏眼界，缺少獨特性和個性。不要過分依賴單一來源對你的研究也同樣重要，資料裡要有較多元的格式和來源。

要成為一名優秀的預測師，你必須是嫻熟的研究者（一手研究），更要懂得成為優秀的翻譯者（二次研究）。

Personal experience 親身體驗

親身體驗周遭的世界，在目前這個階段至關重要，能夠幫助你培養趨勢的初始靈感。沒有任何一則趨勢只從純粹的研究得來。出門去看畫廊，看展覽，親自去參加貿易展、時裝秀，會對你留下獨一無二的個人影響，培養出自己的觀點，不同於第三者的評論或他人的手筆和品味。

具體的物件會帶給你對顏色、質料、質感更加栩栩如生的體驗，比起光憑閱讀豐富得多。體會一件作品在空間裡的擺設，一如藝術家心中期望呈現的樣子，或體驗設計者實際設想一件物品在現實裡的使用方式，遠比在雜誌或電腦上觀看影像更有價值得多。

旅行是一手研究的豐富來源——來自你自己的親身體驗和觀察。克里特島赫拉克里翁考古博物館裡的工藝品。

Tracking your ideas
記錄、追蹤靈感

一旦開始發現感興趣、令你驚喜、帶給你靈感的事物，就會需要以某種方法進行記錄，以免這些珍貴的想法遺失或遺忘。不論你的記憶力有多好，也很難一一記得那些你曾經遇過具有啟發性的事物——最好是隨時記錄，隨時整理蒐集來的案例和靈感。有很多不同的方法可以提供你作為記錄之用，這裡介紹幾種最有人氣和最有效的方法。

影像必須持續蒐集，並且在研究過程中做有效的建檔整理。為了讓你的情緒板在光譜每個段落都有影像可供選擇，要盡量多存一些相關圖像，也要存下各個角度的照片，方便說清楚某個重點或某件產品，手邊要有東西可供你挑選。有大量的圖像可資運用，是一門很好的練習功課，可以省下靈感發想階段後又要重新搜尋圖片的工夫。

有些趨勢預測師喜歡只用實體方式保存檔案——像是利用檔案夾，用圖片、物件、想法製作情緒板——有的人則偏好虛擬儲存系統，應用網路工具或建立單純的電腦檔案。選擇適合你的方法——或折衷一點，兩者一起使用。此外，我們一直鼓勵你多注意身邊的事物，這些東西你也應該記錄下來——做筆記，速寫，剪取雜誌頁面，拍照，街拍，儲存網址，存檔圖像，甚至將你發現的物件和紙張蒐集起來。

在整理雜誌圖頁和剪報時，要記下出處和日期，以便日後引用時有所依據。直接記載在剪報上，若為了保持圖像完整也可用貼紙加注。

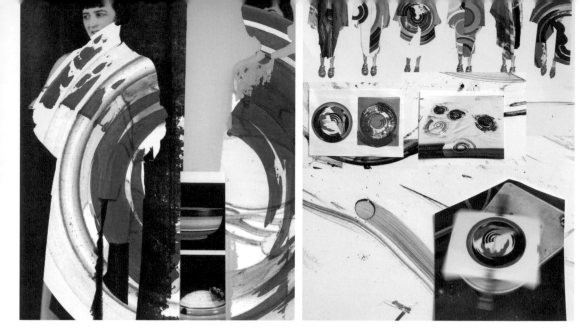

伊莎貝爾·布魯克（Isabel Brooke）的速寫本，這是她在西敏寺大學當學生時用來記錄和發展創意的本子。

實體記錄

情緒板經常在趨勢預測裡作為追蹤趨勢的方法，但並非記錄和整理靈感的唯一途徑。

檔案夾

毫無科技感，但能有效記錄和追蹤想法的方式，就是使用檔案夾。可以用文件盒，塑膠文件夾，甚至直接將文件收藏至文件櫃裡——形式並不重要，但怎麼整理這些寶貴的想法很重要。一次整理一疊的檔案，可以讓你隨著靈感冒出便迅速加以儲存和整理，之後需要時可以隨時抓取和移動。這種方法對於扁平的物件或是文章、照片、圖片最為有效。開始蒐集工作的最好方式，是依你目前探索的方向建立不同屬性的資料夾（例如顏色、服裝輪廓、質料等），或按特定的類別（例如男裝、夾克、配件或牛仔布）。開始在檔案夾裡放東西後，也許你又發現了新模式或新趨勢，這時可以再另開一個檔案夾。以這樣的方式，圖例跟靈感都可以不費力地從一處移往另一處，跟你演進中的想法保持同步。

為圖片命名和歸檔時要十分謹慎。務必記載下圖像出處，方便在引用時附上原始來源，出版時（無論是數位形式或印刷）也要檢查是否需要影像作者的許可，以免違反著作權法。所有的影像都要標出你找到它們的出處，還有它們的原始來源，如果兩者不同的話。

張貼板

將圖片、物件和其他研究成果貼在一面珍珠板上，作為蒐集、記錄、分享和發展想法，已經是一項應用成熟的技巧。張貼板的形式在大學和企業裡都被廣泛應用，是個統整靈感、推展想法的好方式，在團體工作或團隊合作時尤其有用，不同人都可以在同一塊板子上添加東西、融合參考資料。還可以加入關鍵字詞、顏色、物件等。

速寫本或筆記本

一本簡單的空白簿子，多年來一直是創意最好的伙伴。無論用它來記錄點子，還是貼上啟迪靈感的物件、圖片，或其他你發現的好東西，速寫本都是很棒的靈感資料庫。

數位記錄

你絕大部分的研究很有可能都來自網路上的資料。當然，你可以把數位資料列印出來，變成實體研究材料。不過，也有科技工具方便讓你隨時將靈感記錄下來，以不一樣的方式加以整理，利用雲端、移動裝置或個人電腦。下面列出其中幾項工具，而新的應用程式和服務一直不斷推陳出新，不妨向科技達人和同事多多請教，推薦值得利用的工具。

部落格

部落格，以及微部落格，例如Tumblr，可以當作是你的靈感和想法的數位剪貼簿。許多網站現在都有「blog this」或「Tumblr」按鈕，只需要點一下就能保存你喜歡的文章、影像和其他材料。每個儲存項目可以用幾句話寫下令你感興趣的地方——幫助事後喚起記憶——甚至加上#menswear或#color等主題標籤，方便組織貼文。如果一次要建構大量內容，不妨同時開啟好幾個部落格或Tumblrs會方便得多，可以更不費力銜接上你的想法。它們的用法就像檔案夾一樣，你可以開啟幾個不同類別的部落格——質料、顏色、男裝等等，或按照不同的計劃和季度來做。

西敏寺大學研究生進行中的研究計劃。凱西・安・邁可奎根（Katie Ann McGuigan）（上），康絲坦斯・布萊凱勒（Constance Blackaller）（下）。

如果你只是想記錄思路歷程，為發展自己的想法，可以把部落格設為不公開；反之，公開的部落格能招來志同道合的朋友，提議新的創意來源給你。

書籤/連結

書籤是瀏覽器裡為線上內容所儲存的捷徑。任何開啟的網頁只要點擊「書籤」鈕便能加入書籤列裡。你可以在書籤列新增特定類別或計劃的資料夾，方便下次查詢時更容易找到頁面。同樣你也可以將網址連結複製貼到文件檔裡，來追蹤網路上的內容。這兩種方法都是工作進行中保存創意的簡單又快速的方法，但也不可忘記，網頁有可能移走或刪除，令原本的連結失效。

數位文件夾

數位文件夾也可以快速輕鬆地存取影像、文章和錄影資料。它跟實體檔案夾一樣,都需要建立一套方法,以便能夠快速不費力地回頭找出你要的點子。

影像永遠要找解析度最高的版本,檔案命名的方式要能幫助你記得來源或回頭找出它。舉例來說,發現檔案的網站名稱要記下來,或是記下將檔案分享到社群媒體上的分享者姓名,當然不可遺漏影像的內容細節(設計師/藝術家/出版社/作者),以及來源日期——也許是發現它的日期,或是它的建立日期,視情況而定。這些聽起來有點麻煩,但其實只會多花你幾秒鐘的時間,卻有利於後續的影像找回以及引用。

Pinterest

Pinterest這類工具替以影像為主的研究提供了一個方便的途徑。現在許多網站跟部落格都有Pinterest的按鈕,只要點一下便能將圖存到你的帳戶裡。你可以給圖片加上來源或內容的文字,別忘了一併記下你怎麼受到它的啟發。整理釘圖最簡單的方法就是按主題或標題開啟幾個不同的版面,便能輕鬆組織想法、察看圖片。用這種方式將圖片擺放在一起也更容易發覺模式,也就是發覺趨勢。

Instagram

這個手機版的影像分享社群軟體可以做到跟實體速寫本類似的工作方式。現在人人都在用智慧型手機拍照,Instagram這類應用程式就專門用來儲存和記錄你感興趣的照片——不管是你自己拍的相片,或其他人具有啟發性的照片。

從上起:Pinterest提供的版面方便使用者儲存不同主題的影像;Pej Gruppen的流行趨勢隨身碟。數位檔案是收藏研究記錄的好方法,只要妥善加上標籤並注意安全性。

**練習：
建立個人的趨勢
部落格**

使用Tumblr之類的免費平台，為你正在追蹤的趨勢建立一個部落格，使用的圖片要有從多樣化的來源和種類。這個練習能夠幫助你善用自己的趨勢直覺。

在你的部落格內容，綜合網路上的資源跟你自己一手研究的貼文。

試著將本章列出的每個研究領域都放入一個例子。思考一下：

* 最近有什麼東西影響了你？

* 最近你關注過哪幾位設計師？

* 時尚業和設計業裡的什麼人或什麼東西令你感到興奮？

* 有什麼你看過或聽聞過的有趣展覽？

* 上述展覽裡有什麼內容引發你的共鳴，或令你難忘？

* 你看過或聽過什麼充滿魅力的戲劇、藝術家、表演者、電影、電視節目？

* 有什麼你發覺有趣的新產品？

* 你最近存過什麼照片，為什麼？

* 你的朋友、同事、你最喜歡的媒體，最近在談論什麼主題、人物、娛樂等？

在部落格裡，為你貼出的每個圖例加上說明，強調它跟你所研究的趨勢有何關聯。你貼的圖例意象要強有力，來源也要多樣化。

CASANDRA
BMT
WHOL
ALE
BACK
to the
Drawing
BOARD
CONIFER
673
EAT
DUST

5

Trend Development

流行趨勢發展

流行趨勢始於廣泛的研究和靈感的搜尋。創造趨勢的下一個階段是發展自己的想法，以確保概念不但夠豐沛，並且足以細緻化到配合你的產品類別、市場、客戶或消費者。

本章將帶領你探究塑造流行趨勢時必須要考量的不同因素：精修並潤飾你的樣本、透過方法論去檢視你的創意，以確保它符合廣泛生活風格流行，並做好進行趨勢會議的準備。

你將會學到如何將選定的研究（參閱第四章）發展成扎實的流行趨勢主張。你將檢視生活風格是如何影響趨勢，如何利用歷史性研究和參考資料，以及如何查核自己的創意是否值得投入。

本章的第二部分將引導你如何明確化趨勢的概念，對於趨勢會議應有的期待以及如何確保自己正朝著創新但又實際的趨勢方向前進。

觀察街頭風格有助於發展趨勢概念。

Developing your idea: Depth
發展你的概念：深度

從探索更廣泛的影響力開始發展趨勢，以提高想法的深度和可信度。但預測者首先必須進行一連串的測試，才能確保他們的預測絕對會是一股趨勢。

方法論

趨勢預測是一門藝術也是一種科學。雖然大多數趨勢的發展過程憑藉的是靈感和直覺，但經驗豐富的趨勢預測者都有一套方法，無論是有意識還是無意識地，來確認他們創造出的趨勢明確、具有前瞻性並且扎實豐沛。

預測者必須了解，他們分析出的趨勢是新鮮到足以捉住消費者的興趣，還是實際到足以發展成商品。以下提供的檢驗清單將有助於明確化你的概念。

三次成流行

在趨勢預測界中（以及之外）有句老話，就是當你看到三個展現出相同概念的案例，那就是股流行趨勢了。這個概念如下：

一次＝異常
一個突出或是挑起你興趣的物品很可能只是個案。

二次＝巧合
連續在相當短暫的時間內，出現兩個類似的概念，有可能是巧合或者是某種趨勢的開端。

三次＝一股趨勢
如果你看到相同的概念以三個明確的範例，在不同地方或以不同方式展現出來，那就表示這是一股趨勢的開端。

但這個規則有幾點注意事項：

*三次成流行不是個顛撲不破的真理：三個案例，再混合你個人的直覺，可能是某種更廣泛、更複雜、適用於不同的時間架構和產品領域的趨勢。

*找到三個符合同一概念的案例是一種辨別出趨勢的好方法，但是整個過程不能止步於此。三次成流行的規則是測試並且坐實你的想法的方法——為了更深入的探索和驗證，提供了一個起點；本章後半更會進一步地探討這點。

*社交媒體上很容易在一天之內就看到三個相同概念的範例。要確保這個趨勢的真實性及可行性，你應該要見到在不同地方、以不同方式，展現出相同

概念的各種範例。舉例來説，在社交媒體中的街頭時尚以及展覽；或者是在伸展台、流行文化界和生活風格中見到。

現實世界的範例

趨勢要流行起來，就必須具備一些現實感。你是否看見周遭的人改變自己的行為模式或穿著，以配合流行趨勢？這是一種評估流行趨勢是否有市場性的重要條件。有些伸展台上或是街頭的趨勢永遠只能僅限於這些範圍內，永遠無法進入主流市場。這或許是因為即使是最狂熱的時尚粉絲，也會覺得它們太過於昂貴、太難以入手、太荒謬或是太不切實際了。

是否新鮮？

除了考量範例是否符合現實世界外，還要同時評估的關鍵就是自問（或是問你的團隊）這個概念是否夠新鮮。僅僅看到幾個人採取相同行為模式或是穿著方式，可能意味著這個概念有感染力；看到許多人採納這個概念，意味著這個想法已經不新鮮了（更多關於這一點的説明，參閱第50頁的創新擴散理論圖表）。如果還在研究階段的趨勢想法就已經不新鮮，等到十八個月後轉變成真實產品上市時，絕對是落伍的。

這正是思考到底是誰、怎樣接受趨勢的重要性了。你要找的是創新者和早期採行者對這個概念產生興趣。如果你在一般大眾的衣櫃中看到這趨勢的話，它就已經不新鮮了。如果你時尚界以外的朋友已經知道這股趨勢，那它也不夠新鮮了。如果主流零售商已經跟上了這個概念腳步，它就不太可能具備足以架構出流行趨勢的前瞻性了。

自問以下的問題，以檢視你的想法的新鮮度：
* 它有哪些是新鮮或不一樣的地方？
* 它涵蓋了哪些新的元素？
* 它是嶄新的概念，還是某種想法的延伸？

季節性伸展台秀場外的街頭抓拍影像，提供趨勢預測家實用的造型和產品靈感。

* 它是否能讓我感到興奮？
* 別人與我有同感嗎？
* 它是否適用在我的產品類別中？可能轉化成某個現實產品嗎？

趨勢流行的基礎：色彩和質料

開始研究趨勢之後，就要根據關鍵設計條件去檢視、定義你的趨勢的建構元素，也就是色彩和質料。

色彩

與趨勢搭配呈現的色彩組合，提供了特定氛圍或是感覺，製造出趨勢的故事感，讓設計師更清楚該如何發揮概念，以傳遞出哪種感受或是針對哪個市場。

影像可能截取自任何地方，但是來源往往涵蓋藝術家、攝影師、展覽和設計專書的作品。也可以採用個人、主題性或室內設計、雜誌或歷史性照片。

Pinterest和Instagram都是原始影像的絕佳來源，同時也很容易利用主題或色彩進行搜索。針對色彩概念搜索得來的影像，較常會出現物件或是藝術主題，所以在這初期階段，並不會影響某種特定的產品方向。

找到激發靈感的初始影像，然後從中建構出你的色彩組合。儘管往往難以找到一張完美、啟發你的影像，或者可以採用一系列影像，從中挑選出總結你的流行趨勢氛圍的關鍵色彩。利用Pantone色票協助你建構出色彩組合，並且嘗試搭配其他色彩組合以及不同的設計，直到找出正確的組合與選項。

質料

表面處理和質感，再加上實體而非影像的啟發，引領著質料的趨勢。朝著室內設計、質料生產商和貿易展的影像中尋找靈感，例如，在巴黎織品展（Première Vision）尋找質料，或是在法國巴黎國際家飾用品展（Maison & Objet Paris）搜索前衛的產品設計。影像也可以出自媒體、作品集的產品照片，或是質料圖書館和檔案。在這部分的研究中，產品表面處理及成分與製作質料一樣重要，研究朝著產品階段進行的過程中，質料終將篩選至某個特定的織品，或是非織布（non-woven）的表面，或是質料。

蒐集能表現出本季重要質料和表面處理的視覺影像。例如，平滑、霧面、壓縮或線條分明……分門別類後，找出最能代表每個種類的影像，之後提出一份引人入勝且簡單易懂的視覺簡報。

將Pantone色票和經過設計構圖的視覺放置在一起，顯示出不同的色彩如何搭配出整體感。

PANTONE
15-4722 TPX

PANTONE
16-4706 TPX

PANTONE
19-3906 TPX

PANTONE
13-0648 TPX

PANTONE
11-0617 TPX

PANTONE
18-1547 TPX

PANTONE
16-1324 TPX

PANTONE
18-5611 TPX

PANTONE
17-1564 TPX

PANTONE
18-0135 TPX

在洛杉磯時尚設計商業學院（Fashion Institute of Design and Merchandising，簡稱FIDM）圖書館中速寫鞋樣。

歷史性研究和參考資料

隨著你的趨勢想法的發展，將歷史性研究和參考資料納入，以增添深度並令其更為清晰。正如在第一章中曾說過，歷史性研究對時尚和設計業非常重要，幾乎所有的流行趨勢和過去都有著千絲萬縷的關係，可能是某個特定時代、流行風格，或是過去曾出現過的形體。精挑細選的歷史範例和影響，足以影響趨勢創作過程中的每個環節，從色彩、質料和印花到大趨勢、服裝輪廓、邊飾，甚至於行銷。視產品重點以及創作的趨勢種類，會有許多不同的方法可將這些都涵括入現代流行趨勢中。

歷史性研究和參考資料到處都找得到，而且是許多靈感和創意的來源。書籍、藝術、電影、建築、室內設計、織品、展覽和博物館檔案都提供了絕佳的影像、文字和概念，更別提從網路上蒐羅來的豐富歷史性資料了。

參考出處或範例來自過去，並不代表想法就必然過時。透過歷史性研究，能發掘出各式各樣與時尚和文化史相關的事物。舉例來說，你可能會發現被遺忘的影像或是概念，甚至能重新檢視自以為早已認識的文化、設計或時尚。

Global research 全球性研究

許多設計師和趨勢預測家在自身以外的傳統和傳統服飾中尋求靈感,這些都可以為趨勢概念增添深度和細節。研究來自全球不同的衣著和文化,可以提供不同氛圍、服裝輪廓、質料、色彩、印花、文飾等實用且激發靈感的範例。

歷史性研究對趨勢創作過程非常重要。在倫敦博物館(Museum of London)中,有許多當代設計師的作品可供觀賞,例如從V & A現代衣著系列(下圖),直到1920年代、讓眼睛一亮的Kibbo Kift長衫(上圖,譯註:Spirit of Kibbo Kift是與當代童軍運動同期、重視健行、露營和手工藝的運動。)

對趨勢預測而言，紮實的時尚史知識非常重要，因為絕大多數的時尚概念，的確在過去都曾以某種形式出現過。時尚預測和時尚史並不相互抵觸；事實上，兩者有著緊密的關係。歷史有助於預測家了解過去的趨勢模樣以及發展起來的原因，進而幫助他們確認新趨勢的實用性。

許多人把時尚史當作設計的基礎或大學課程進行修習。你可以透過圖書館研究，或是造訪如紐約流行設計學院（Fashion Institute of Technology）、倫敦維多利亞與艾伯特博物館（Victoria & Albert Museum）或是京都服飾文化研究財團（Kyoto Costume Institute）等地，進一步地了解風格與歷史的影響，或者閱讀關於歷史服裝，或特定年代時裝的書籍，再加上時裝攝影或時尚史的課程。

經過初期的當代研究之後，你應該在情緒板、部落格或檔案夾中，添加歷史性的參考資料，為創意增添與過去的聯繫。

流行趨勢在退燒之後，仍會再度浮現，有著循環性的影響（參閱第三章，第58-59頁），一旦經過十年期或是年代成為歷史，就可以將它當作未來作品的靈感來源，截取其中的造型精髓或當時的風格，重新以當代的手法加以詮釋，這可以是1950年代「新風貌」（New look）的服裝輪廓、1980年代的設計元素，如墊肩，或像織錦這樣的質料。

相同地，過去的創新或特立獨行的人物，如貴族、電影明星或藝術家等，都有助於展示概念或你正在探索的態度，並提供新概念的歷史內涵。

來自於過去或某些設計運動的經典，或是與眾不同的設計、物件、藝術作品和建築，都可以作為某些概念的參考案例。例如，你可能會選擇一幅包含芭芭拉‧赫普渥茲作品的影像來說明光滑、蜿蜒的現代感，或是因獨特的色彩而選擇老舊的科學植物插畫。

對頁：北安普頓博物館（Northampton Museum）收藏全世界最廣、自青銅時期至今的鞋類和相關文物。開館對研究目的開放，需透過預約參觀。

下圖：近代與當代的藝術和設計作品是豐富的靈感來源。芭芭拉‧赫普沃茲（Barbara Hepworth，譯註：著名英國雕塑家）的作品〈1966年春季〉。

Industry profile
Julia Fowler
業界人物側寫：茉莉亞・弗勒

經歷

茉莉亞・弗勒是流行趨勢大數據公司EDITED的共同創辦人，該公司為全球的時尚品牌，提供即時價格、品項、需求和競爭指標。EDITED以量化數據而非質性研究來引導品牌和零售商，在適當的時機、以適當的價格，供給正確的產品。

成立EDITED的靈感從何而來？

這個想法源自於我作為時尚設計師時，在專業知識上的匱乏。那時候，我和同仁擁有過季產品表現的內部數據，並能取得激發靈感的趨勢書籍，但卻完全不瞭解我們錯過的外在機會，或是要如何改進產品品項的扎實資訊。身為設計師、零售採購或銷售人員，你的工作就是要生產消費者想要購買的正確數量、尺寸和價格。

每次看到打折商品，就意味著在過程中，有人做了錯誤的決定。這在業界導致了許多浪費。

像EDITED這樣的服務是如何改變設計師、採購員和銷售人員、零售商和行銷人員的工作方式？

它以一種嶄新而且有效的方式，讓他們了解自己的市場、競爭對手以及目標消費者。

我們的數據主要針對的是產品品項、價格策略、市場表現以及視覺銷售。所以對品牌和零售商而言，這是一種可以看到他們品項和主要競爭對手在任何時候、任何商品種類中相比較的情況。然後，進一步利用這些結果引導他們遠離沒有利益的決策，如大幅的折扣或是報廢商品。

趨勢產業有什麼改變？對時尚趨勢界而言，現在最主要的驅動力是什麼？

時尚趨勢受到許多因素的影響，而不僅限於伸展台上，諸如來自社交媒體、零售商、行銷和名人的影響。零售商越來越需要360度的全視角才能在市場中生存下去。

很顯然，一直以來的說法都是因為新媒體的出現，所以趨勢變化越來越快。舉例來說，過去會在電視上出現的內容，現在都在社交媒體上分享了，而零售商必須想辦法跟上腳步。但是，就算是現今最迅速的零售商，也無法快到像直覺反射。總是會有交貨時間的差距。再加上，幾乎沒有品牌想要被視為跟風。品牌希望盡可能頻繁地作為創造趨勢者，只有在不得不的情況下才模仿。

業界較仰賴即時數據或是長期的預測，還是平衡兩者？

這兩者是相互依存的，而且對任何品牌或零售商的成功都非常重要。當然，端看你的身分，你將會賦予這兩者不同的分量，但是這兩者總是有個平衡點。

我們提供給使用者的數據適用於兩者。一方面，總是要分析長期的趨勢，形狀、色彩或趨勢是在衰退或上漲中，並且根據所見，信心十足地制定長期策略。另一方面，如果你錯過了些什麼，也可以透過這個分析立刻看清。你可以看到每週或每日的暢銷商品，然後依此做出回應。

數據趨勢服務能提供什麼傳統趨勢服務所不及的地方？

數據不見得能讓你更精準地預測，而是能幫助你做出更好的未來計畫，並且根據市場真正在傳達的訊息做出決定。與其是採購員或銷售人員說：「麂皮夾克現在賣得不錯，繼續進貨。」他們可以看著數據說：「沒錯，現在市場上有多少麂皮夾克？有多少在折價銷售？在過去的三個月中，價格起伏的情況如何？去年麂皮夾克的表現如何？前年呢？我的競爭對手在進更多或是更少的麂皮夾克？」

生活風格的影響

對趨勢預測者而言，考量終端消費者的生活風格變化非常重要，因為生活風格會影響時尚趨勢。這有助於時尚品牌和零售商，發展設計不僅是吸引消費者的物件，同時也是適合他們生活的產品。

宏觀視野

在全球和大眾零售市場出現之前，絕大多數人的服飾都是由了解個別消費者生活型態的裁縫製作，否則就是自己親手縫製而成。現在的時尚商品製作者距離消費者較遙遠，因此了解消費者的生活以及他們的需求及渴望的變化就變得非常地重要。

PESTLE分析法和生活風格研究有助於了解變化中的消費者行為和需求。PESTLE是政治（Political）、經濟（Economic）、社會（Social）、科技（Technological）、法律（Legal）和環境（Environmental）等足以影響消費者生活風格要素的縮寫。這往往被當作是查核的清單，以確保在趨勢研究的過程中，有考量到整體宏觀視野。

這些因素看似離時尚趨勢很遙遠，卻影響著世上正在發生的事，以及消費者在想什麼；歸根究柢，是你能夠真正設計、生產和消費的產品。以下圖表呈現出商業分析元素對趨勢以及時尚產業的密切關係。

熟齡風格
年長的婦女現在被視為重要的消費者。從浪凡（Lanvin）到馬莎百貨（Mark & Spencer）都爭相僱用年長的模特兒，如黛芬妮‧賽芙（Daphane Selfe）和艾瑞絲‧愛普菲爾（Iris Apfel）。

寧要手機不要時尚
年輕消費者寧可將錢花在科技產品而非品牌商品上，這對於像Abercrombie & Fitch或Tiffany等品牌產生負面影響。兩者都因此而重新設計產品。

H&M永續系列（Conscious Collection）
社交媒體的壓力以及對染料汙染和道德生產過程的關切，促使H&M在2013年推出他們的永續系列。

PESTLE元素	對時尚產業的衝擊
Political 政治	全球貿易協定；進出口法律；杯葛產品和品牌；歐盟、政府以及全球性的規範
Economic 經濟	經濟衰退；企業資金；消費者信心；利率；通貨膨脹以及其他貨幣政策；購買力
Social 社會	名流文化的興起；女性主義的盛行；社交媒體；人口結構的變化；奢華市場
Technological 科技	3D列印；機械人製作；創新質料；數位工具
Legal 法律	衛生與安全規範；稅法；聘僱及競爭規範；廢棄物規範
Environmental 環境	符合道德的來源和生產過程；環保規範；廢棄物

節慶已成為打扮和街拍參與者衣著攝影報導的樂園。以加州的科切拉（Coachella）音樂節為首，它們已然衍生出一種獨特的「節慶風格」，並成為大眾服飾零售商的靈感來源。

生活風格衝擊流行趨勢

影響趨勢預測的關鍵要素之一是生活風格，亦即消費者的態度、行為和嚮往的變化。節慶文化不過是生活風格衝擊時尚趨勢和產品的一個例子。從2000年代早期開始，音樂祭越來越普遍，節慶風格也隨之主宰許多商店、雜誌和社交媒體上的夏季造型。許多零售商已然將普遍受節慶參與者喜愛的嬉皮或誇張風格服飾，作為他們的盛暑系列的核心。

節慶文化的興起可回溯至，偶像級超級名模凱特・摩絲（Kate Moss）在2005年參加英國格拉斯頓伯里當代藝術節（Glastonbury Festival）時，穿著牛仔短褲、迷你裙和雨靴站在爛泥中，卻仍酷到不行的模樣；或是全球音樂祭從少數幾個在歐洲、亞洲和美國的音樂活動，演變成各種各類、從地下到主流流行音樂的慶典；或者是渴求新鮮和刺激經驗的消費者欲望——節慶，在短暫的幾天內提供了假期、現場音樂和許多非比尋常的經驗；或者是越來越多的頂尖名流參與或在節慶中演出。事實上，這些生活風格元素（和更多）的結合，使得節慶風成為非常受歡迎的產品種類。

Data
數據

數據的蒐集和使用日益複雜。包含時尚業在內的許多企業，現在都依賴數據做決定。多年來，一直被認為在趨勢研究過程中與創意誓不兩立的數據，現在經常被當成是支援、精修並聚焦趨勢的工具（參閱第106頁的業界人物側寫）。端看你在流行趨勢程序中所扮演角色，將會以不同的方式利用數據。

零售

對零售業中的採購和銷售人員而言，銷售數據提供哪些風格、色彩或系列賣得好，而哪些產品滯銷的重要看法。這有助於他們決定要開發哪些範疇，以及應該繼續生產或是停產哪些產品。涵蓋消費者對某種產品種類的完整行為或花費的市場數據，也可能會影響決策。例如，假設某種風格在競爭對手那方都賣得很好（譬如，牛仔洋裝或孟克鞋），那麼採購員和業務員往往都希望自己也有這些商品，以確保能滿足購物者的需求。相同地，與零售商或目標消費群相關的當前數據，也會影響到對關鍵產品的選擇，例如，上班衣著還是晚宴服。

設計

無論是男性服飾、女性服飾或是印花、文飾、質料或配件等專業領域，公司內部設計師所開發的趨勢與產品，也會受到相同數據的影響，提供趨勢應用的架構。例如，銷售數據可能顯示出某種設計已然熱賣了好幾個月，所以設計師會被鼓勵推出新的色彩、服裝輪廓或是機能。

因此，有時候數據能主宰趨勢要應用在哪些產品上，但是數據也提供了機會，不管是在產品設計或是零售方面都一樣。數據可以用來解釋為什麼某個設計會暢銷，甚至於為什麼系列中需要某種顏色——如果數據顯示它將會在某個時間點賣得很好的話。

市場數據和競爭對手的銷售足以影響到設計師應該要創作哪些單品，以滿足消費者，而這往往受到零售團隊分析的影響。

敏特報告（Mintel data report）。零售商和品牌策略師越來越常用數據報告和量化分析，來決定哪些產品運作良好，哪些應改進。

消費者／行銷

數據也可以啟發你朝著不同的方向思考──或許某種對科技或奢華態度的興起，能讓你斟酌自己創作的產品。對那些專注於行銷或是消費者行為的人員尤其如此。零售數據有助於描述消費者如何回應已上市的產品，但是消費者數據──或常被形容為消費者見解──則可說明更多變化中的消費者行為，進而激發或是影響新產品的開發。舉例來説，消費者對於傳承的興趣，可能意味著零售和設計團隊都應該要探索品牌歷史檔案，從中尋找新系列的靈感。相同地，消費者對於休閒態度的改變，例如對美體健身興趣的成長，或是參與節慶的興趣等，都暗示品牌需要提供能服務這些需求的產品系列。確實，對許多快速時尚零售商而言，夏季音樂祭主宰了夏季服飾系列的推出時機和設計。

Where does the data come from? 數據從哪裡來？

銷售數據：源自公司內部或透過EDITED及WGSN等專業服務公司。

市場數據：源自零售分析專家，如敏特、弗雷斯特研究公司（Forrester Research）或定案零售（Verdict Retail）等。

消費者數據：源自公司內部消費者研究，綜合消費者態度或消費數據；後者的來源可以由數據專家如YouGov或是益普索（Ipsos）提供，或從更廣泛範疇的研究單位，如波士頓顧問公司（The Boston Consulting Group）或是未來公司（The Futures Company）獲得。

Developing your idea–refining
發展你的概念──精修

一旦你根據單一或數個不同的主題與概念，蒐集了廣泛、多元且豐富的研究後，你仍需要精修你的想法，以確保它足以清楚地與同事甚至客戶溝通。

如果你在創作流行趨勢，在將概念轉化為簡報和報告（詳細說明參閱下一章）之前，以下的篩選程序有助於將概念聚焦於最明確、最具說服力的範例和影像上。如果你與團隊或是其他的趨勢流行研究者合作，這個篩選程序也有助於在趨勢會議（參閱第120-123頁）上討論前，分辨出最基本的要件，將自己與他人的想法結合在一起，再建構出最終的趨勢方向。

影像

（不論是在趨勢會議或是直接面對客戶時）你選擇呈現的影像，必須擁有視覺吸引力，並且能綜合傳達出趨勢的概念。製作情緒板或是為部落格、檔案夾挑選影像時，檢視是否符合以下條件：

* 情緒板的色彩表現有視覺整體性。
* 整體影像和諧，不會有某個影像特別突出攫取注意力，而分散了對整個趨勢主要訊息的關注。
* 盡量精簡，免得情緒板過度擁擠。

本頁及對頁。利用線上趨勢服務「獨特風格平台」（Unique Style Platform）自行設計的影像範例，用以展現季節性趨勢的色彩和表面質感。

篩選

篩選是將你的研究結果精練至適當的影像和文字敍述的關鍵過程，這樣子的圖文才能夠清楚而簡明地說故事。更容易聚焦並向他人解說概念，最後才能轉化成為產品。

範例

趨勢流行範例可以是文章簡報或是隨手找到的物件、列印出來的圖片、宣傳廣告、產品、照片、音樂或影片、書籍甚至自己拍的照片。

如果你有數個趨勢流行的想法，就應該要將你的範例歸類在不同的標題下，不論是實體標籤或是數位檔名。努力確保你有米自不同種類（參閱第88頁，一手研究與二次研究）、不同形式的範例。你不需要囊括所有的形式和種類，但是要有足夠多的樣式。

如果你要在趨勢會議中說明概念，或是與他人合作，就應該要準備好面對自己的主題、範例和概念的界線會受到挑戰，以及再進一步經過團體的精修和測試後會有所改變。

篩選問題

當你正在選擇影像和範例以進入下一階段的趨勢程序時，要自問以下的問題：

最重要的是什麼？

看過一遍你為這個趨勢整合出的所有參考資料，然後選出能夠啟發想法、明確說明以及具擴展性的範例。

哪個是最新的概念或範例？

如果你已經看過某個概念，那表示它可能不算新鮮、不足以納入流行趨勢中。因為從創造流行趨勢，並據此製作產品，到產品上架的時間大約是十八個月（參閱第51頁的表格）。如果你納入一個在創造趨勢時已然老舊或是主流的概念，那很可能在一年半後產品上架時，它就已經過時了。

其他人能理解嗎？

在流行趨勢創作過程中，和不熟悉這個領域的人討論你的想法會相當有用。他可以是團隊或部門以外的人，或甚至是親戚朋友。如果他們無法理解你在說什麼或範例之間的關係，那很可能是因為你的想法需要進一步說明，或是需要更具說服力的範例。

我的資源／參考資料夠豐富嗎？

所有謹慎收藏、命名和註記來路的資源都在此時派上用場。不論是來自一手或二次來源，要確保你擁有多元化的範例，並且涵蓋了從藝術、音樂到歷史性參考資料、數據、流行文化和生活風格等不同的類別。

如果刪掉一份參考資料，這個概念還說得通嗎？

流行趨勢是由有著類似特質的不同事物所組成——例如色彩、美學、氛圍和行為。趨勢概念的終極範例應該要有數個跨越趨勢範例的元素，創造出一個交互依存的網絡。如果你拿掉一個元素，剩下來的元素仍應足以闡明趨勢，因為它們有其他的共通點。

要如何將這一切變成產品？

切記，自己對於要如何將初期想法轉變為產品必須要有些基本概念。如果你看不出你的趨勢可以成為產品類別中的某個新產品，無論是不同風格的西裝還是涼鞋，那麼這個想法或許就不值得當作一個時尚趨勢進行探索。但是，這種類型的趨勢卻往往能以大趨勢的方式為你的想法組織一個有用的框架。

在此刻，自問正在進行的趨勢是否符合它短暫的需求——無論是色彩，還是女裝等特定的產品類別，或是特定客戶需求。質詢並討論你的趨勢內容，以及被排除在外的意涵。舉例來說，它是否是某種進行中的流行的演化版本，或是全然嶄新的想法？

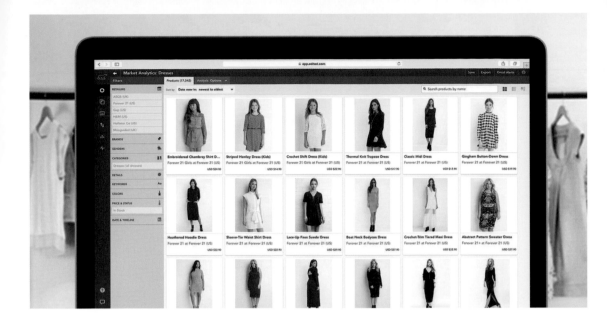

目標設定

目標設定是趨勢中不可或缺的一部分。透過釐清趨勢的目標對象，並且根據他們的需求訂製，就是將一個經過透徹研究並且精修的趨勢轉化為能實際運用的作法。

客戶側寫是趨勢目標設定的重要環節，有助於製作出終端使用者的面貌，以及他們可能會使用產品的方式。例如，手提包設計師想要看到有助於挑選皮革和五金質料的預測，但是也可能想看到特定地區的銷售數據，以幫助他們挑選顏色。創造並使用客戶或使用者的側寫，亦能確保產品反映出使用這種趨勢的人的需求，例如，設計師、採購或是產品開發員。這將你的趨勢有份量、可入手，以及最重要的是──實用。少了這部分，流行趨勢失去了實用性，終究淪為一堆好看的參考資料和影像的集合而已。

在趨勢發展的階段，另一個值得探索的是，關鍵趨勢在不同的品牌以及市場中，如何以不同的樣貌出現。確保使用者側寫的涵蓋面夠廣，才不會使流行趨勢太狹隘，要讓使用者有機會能自行詮釋流行趨勢並從中獲益──無論是用在個人的設計風格，或者是與他們的品牌搭配。

篩選出報告的對象，對於報告應有的內容非常重要。EDITED的洋裝分析板。

Industry profile
Suna Hasan
業界人物側寫：蘇娜‧哈森

經歷

倫敦在地人蘇娜‧哈森曾經在英國馬莎百貨和思捷（Esprit），以及美國梅西百貨（Macy's）及薩克斯第五大道百貨（Saks 5th Avenue）等公司擔任設計工作。2003年移居印度後，隨即於印度服飾市場中的知名品牌如默德拉瑪外銷公司（Modelama Export House）、莎西外銷公司（Shahi Export House）以及信賴趨勢（Reliance Trends）擔任創意總監。她也擔任風格視野（Stylesight）的趨勢總監，負責中東和印度地區。

您目前的工作內容？

我目前是印度市場的自由接案企劃，並經營我自己的奢華陶藝品品牌。

客戶需要趨勢預測提供些什麼？

印度市場正快速改變中，客戶需要了解全球性的發展。印度的街頭時尚正高速轉變中。像H & M、Zara這種零售商都極度成功，並且正在改變印度消費者對快速時尚的胃口。在過去幾年間，印度的購物習慣產生了巨大的變化，創造出更多對趨勢服務的需求。過去四年內，線上購物真的起飛了，使得印度鄉鎮更容易入手時下流行，這也增添了改變的幅度。

您的客戶主要是製造商嗎？若是，您是否需要將趨勢分解至特定的層次？

風格視野的客戶不僅僅是生產製造商，還包括採購商、出口商、時尚學校和許多零售商。我們涵蓋的地區包括印度、孟加拉、斯里蘭卡還有中東、杜拜以及南非。一般趨勢服務所提供的，並非全都適用於印度這個溫暖且擁有與眾不同節慶季節的國家。現有的趨勢服務中，沒有人固定提供以印度為主體的數據。但是我們配合的公司會要求印度街頭時尚、排燈節（Diwali）等節慶服飾系列，因為那正是大家會花錢採買服裝和禮物的時候。

相較於歐洲客戶，您會提供印度客戶不同的重點嗎？

一定會，因為印度是個建立於核心家庭、非常傳統文化的國家，有些人嫁人後，從此就和姻親們住在一起了。因此，某些衣著規範是必須的，尤其在與家人相處的時光。西方服飾在印度次大陸上算是很新鮮的。印度女性大多避免暴露的衣著，如太低的領口或是展現過多的肌膚。牛仔褲搭配襯衫和針織衫，本來算是很新的搭配方式。但是因為千禧世代的樂於嘗試，這種穿搭法也在改變中。洋裝現在逐漸成為主要的衣著單品。

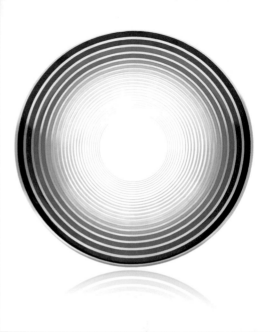

印度客戶是否有特別重視的行業或反覆出現的主題?
寶萊塢的影響力非常大,當紅寶萊塢明星的穿著對
印度零售市場有著極大的影響力。

您是如何處理趨勢研究和預測程序?
我會觀察現在流行什麼,閱讀、看、傾聽並且觀察
日常生活,同時研究全球性的發展。

**不管是社交、文化還是美學,您覺得產業中的哪部
分對您的工作最具啟發性?**
我覺得視覺影像最能刺激並啟發我。視覺影像必須
產生衝擊,並且吸引觀看者。如果有語言隔閡的
話,視覺影像必須能在不閱讀文字說明的情況下就
能讓人了解重點。

您在個人和專業方面,採用那些趨勢預測服務?
完全不用,我所有的靈感都來自於每日的線上研
究,以及觀察周遭的世界。

您覺得時尚產業對流行趨勢的運用有什麼改變?
每個使用趨勢服務的人都會收到針對接下來數季的

相同數據和靈感,而這種型態不會以相同的方式去
鼓勵個人化和創意思考。

什麼最能啟發您?
旅行,接觸嶄新的地方和文化賦予我相當的靈感;
藝術也給我許多啟發。

**網站、部落格、書籍、地點、物件……哪一項是您
不可或缺的工具?**
我的蘋果電腦,以及回到家鄉倫敦和造訪祖先的故
鄉北賽普勒斯。

您是如何進入趨勢預測這一行?
我在巴黎織品展上遇見了風格視野的創辦人法蘭
克·鮑勃(Frank Bober)。他的全新網站的發展
簡直讓我瞠目結舌,我們聊了起來,一直保持聯
絡,然後事情就這麼演變了。

您對想參與趨勢預測的人有什麼建議?
先找個趨勢預測服務實習,看看這個快節奏產業的
氛圍和律動是否符合個人志趣。

練習：
製作客戶側寫

客戶側寫有助於釐清流行趨勢是為誰而生，或者客戶將如何利用流行趨勢。建立起以上都是些什麼樣的人的概念：他們的喜好和厭惡、他們的工作和專業興趣以及他們的個性。

考量以下問題：

* 他們是誰？賦予客戶一個假想的角色，有助於想像他們的模樣，可以當他們是真人，在趨勢開發中或是模擬展現趨勢時，讓他們來質問自己的想法。想想他們喜歡什麼，他們不喜歡什麼也同樣重要。想像他們已擁有的經驗，以及他們可能還沒見識過的。

* 他們在這波趨勢中追求什麼？是色彩繽紛、形狀多元、創意十足的可用設計，還是他們想對當前的年輕市場有整體的認識，想要了解最新的品牌、音樂人或城市？

* 他們年紀多大？能夠理解你的趨勢背景資料，或者他們需要更進一步的解釋或是內容？

* 他們是否經驗豐富？他們的工作是什麼？你面對的是新手設計師還是品牌執行長？

* 他們有什麼影響力？他們欣賞誰，追求什麼？

* 他們可能的弱點和優勢是什麼？他們是否擅長於色彩，但是卻不擅長資料的使用？他們的總部是否在紐約，但是卻想要知道上海正在發生的事？

整合所有的資訊然後以簡潔易懂的方式呈現出來。如果影像會有幫助就採用。如果覺得有所助益的話，甚至可以為想像的客戶或使用者命名，賦予他們性別、年齡、居住地和個性。

客戶側寫有助於精修趨勢的創作過程，釐清目標對象以及將如何運用流行趨勢。

Turning ideas into trends
將想法轉變為流行趨勢

現在你擁有深化、精修過的研究，應該有個扎實、可以獨立或與團隊一起進一步發展的流行趨勢概念。

利用上述的方法，你應該在一個概念或美學觀點下，整合出一組，甚至數組的想法。應該將這些想法都收在一個檔案、部落格或是情緒板上，以方便展示你的流行趨勢，並協助你決定哪個範例最吸睛或最創新。

現在，你可以和同事分享想法，以進行測試及進一步發展，將研究轉化成為鮮明且有用的趨勢方向。

流行趨勢會議在趨勢創作過程中的任何時間點都可能發生。你可能會與你的團隊、產品種類部門（例如，男裝）或是專業部門（例如，印花）開會以開拓你的想法。會議結果可能被帶入跨專業領域，以開發跨越、整合多種產品類別和季節的美學或氛圍的大趨勢會議。第121頁描述的做法適用於任何一種趨勢會議。

例如，色彩會議可以獨立進行，用以發展特定客戶、市場或是類別的顏色組合。英國紡織與色彩集團（The British Textile and Colour Group）以及全球各地類似的組織會邀請各行各業的色彩專家，創建出聯合的色彩組合，呈現給國際流行色彩會議（Intercolor），該組織根據季節性的色彩趨勢，提供國際性專業指導。

初始的色彩組合都很繽紛，經過一連串帶來經驗和意見的專家會議後，將篩減到實用的範圍內。圖中的預測者在瀏覽斯堪地那維亞流行時尚研究院（Pej Gruppen）販售自身的色彩系統的趨勢商店。

在大型時尚公司或是流行趨勢機構中，色彩會議可能不過是趨勢創造過程中的某個深入程序而已。色彩專家會和消費者行為專家、印花和文飾設計師、男女裝運動服、童裝設計師、飾品和家飾以及質料專家們一起參與流行趨勢會議。

趨勢會議的藝術

趨勢會議有許多種形式，但基本上都有著相同的目標：將來自於各個領域、有著不同想法和觀點的人聚在一起，以創造流行趨勢。這個過程首先聚集許多交互影響的想法和參考來源，接著這些想法可以分離並抽取成可用的趨勢。

預期內容
簡報
應該將你的一手和二次研究都帶到會議上，並且提出你的想法，呈現出是什麼激發了最初的靈感——無論是你找到的一幅影像、參觀過的展覽還是讓你靈感激盪的街頭風格造型。

你會提到想法的來源，以及你對概念演化的看法，或者其他覺得有幫助、能強化你想法的資源，最後是你覺得這個概念對這一季、這個客戶或是產品類別非常重要的原因。

形式
可能會是大家按順序輪流發表，讓每個參與的人都有機會提出自己的想法，或聆聽專家的簡報或是在團隊或小組中提出看法。這種初期會議可能非常地冗長，有時候要花一、兩天；但是能讓來自不同專業領域的人聚集在一起。經過第一次會議後，應該會協商出數個大範圍的趨勢方向，接著在較小的工作團隊中進一步精修（詳情參閱第122頁「會議的類型」）。

應用
會議上也可以談談你認為哪個概念適合哪種產品類別，例如，女裝。在這個階段，並不需要詳盡舉出像是有銅釦的厚底包頭鞋之類的實例，而是應該提出你認為這個想法適用的概念（例如，1970年代復古的一部分）。你的目標應該是使用文字與圖像激發或遊說你的聽眾。

流行趨勢會議有許多不同的形式，包括從圓桌討論到向聽眾報告個人研究簡報。

本能

正如我們在第四章（第84頁）中所見，本能和直覺在流行趨勢發展過程中扮演著重要的角色。在趨勢會議中，這些特質都很重要。一旦仔細蒐集的研究被提出後，應該要讓大家討論是什麼啟發了他們，以及他們的直覺。往往其他參與者也會反映出這些想法，同時這也有助於將參與者朦朧感受到的想法推入實際的趨勢領域中。

讓趨勢會議更有效率的訣竅

* 要對自己選擇的概念有信心。明白且簡潔地傳達出這些想法，不要離題或是因他人的評論而分心。

* 做好要深入討論自己想法的準備，提出要如何使用這些想法，或是想法適用的地方。明確說明這些想法符合趨勢循環的哪個階段（例如，全新、其他概念的進化或是融合）以及來源。

* 簡報時要有目光接觸，信心十足的表現和清晰的口齒都很重要。

* 開會時，要對別人的想法保持開放的態度，並且即席採納。例如，某人可能會提到他們喜歡的某個與你的經驗合拍的影像，激起你曾經見過的印象。準備好當場將這納入你的想法中，這能強化並有助於建構你的概念。

* 準備接受質問、想法遭到挑戰以及被圍剿。可能有人不同意你的看法，或是覺得你的想法老舊或無足輕重。接受建設性的批評，並做好放棄、整合想法或是選擇全新方向的準備。

* 傾聽別人的簡報以及他們對你的回饋。他們的批評可能會創造出更穩固、適用的流行趨勢。

* 最後，把自我留在門外。你不過是許多說法和意見之一，最後的趨勢決策將從這些意見中誕生。

待會議結束後，你們將認可三、四個關鍵趨勢或是幾組概念。對客戶或簡報而言，這些都應該是前衛、豐富且相關的想法。你應該指定一個小組或某人進一步發展這些概念。每個趨勢的方向，都要確保能從小組成員身上蒐集到值得進一步探索的相關範例。

會議的類型

不同企業和組織所採用的會議形式，取決於團隊的大小、內部的專業知識或是對外在專業的依賴，以及團隊成員的科技水準，還有是否能輕易地聚集在同一地點。

一般性趨勢會議

這往往是圓桌討論形式，與會者輪流提出自己對當季、主題或產品類別的想法。每個人簡報自己的想法以及相關的研究結果，以擴展每個概念。以口頭報告，並採用影像或是情緒板來說明自己的觀點，討論想法的出處，喜好以及重要的原因。接下來是由會議室全體，或是較小的核心團體，修訂這些資訊，以類似的概念分組進行進一步的發展。在過程中，要註記下一個階段可以運用的關鍵字，這有助於整合出整體的氛圍。

理想的趨勢會議型態是互助且令人興奮，並應能讓不同專業和經驗值的人分享概念和案例，大家共同朝著創作全新的流行趨勢前進。

智庫型

智庫就是一群研究特定主題或是題材的人。在趨勢預測中，主題可能會是某種專業，或產品領域，如女裝、牛仔布或是質料。一個智庫也可能在為未來，例如兩年後的銷售季而努力，他們從研究整合的大趨勢研究開始。

一般而言，只有特定產品類別的專家或是專業人士才會參與這種會議。例如，專注於色彩的會議就可能只有色彩專家參與。

研討會

研討會是時尚專業人士自專家或業外人士獲取趨勢觀點的常見方式。在這種形態下，某個專家或專業人士對聽眾傳達知識與想法。雖然這是一種單方向獲得趨勢觀點的方式，但也可有效獲得關於時代精神轉變的不同看法。許多企業和研究人員都會從業外研討會帶入新的想法來強化內部的趨勢研究，或利用此機會檢視自己是否有走在正確的軌道上。

由非營利組織TED所主辦的同名講座，就是非常受歡迎的線上研討會；另一方面，李・艾德寇特（Li Edelkoort）則以色彩和質料範例做為訂定季節性關鍵趨勢方向的研討會著稱。

設計師交流之夜（PechaKucha）

這個源自於日文的名詞（ペチャクチャ）原本是一種小型非正式聚會，讓參與者每人展示二十個影像，並且每張僅用二十秒說明。這種作法已被趨勢產業採納，作為迅速又有效地大範圍蒐羅靈感的方法。有些組織定期地舉辦由不同專家參與的設計師交流之夜，有些則只有在季節開端時才舉行。

綜合會議

科技改變了跨領域甚至跨國分享概念的方式，意思就是現在不見得需要面對面的開會了。趨勢會議可以同時是親身參與以及透過數位影像、Skype或是社群媒體舉行。當核心團隊與其他的專家散布在各個不同地方時，這個方法讓大家都能同時分享並討論想法。這也有助於將趨勢想法來源擴展到組織、國境外，囊括更廣泛的影響，這對全球性的時尚市場尤其重要。

數位分享

線上平台如部落格、Pinterest或是其他團體共享的工具，如Slack等，都能讓流行趨勢研究人員在線上分享他們的想法。

如果你尋求來自專家、市場和地點的廣泛看法的話，數位分享尤其有用，因為研究人員可以遠距添加連結、影像和影片。對駐在一地的團隊持續蒐集研究資料也非常有效，這有助於精簡化流行趨勢的開發過程。

不過，通常還是需要面對面與個人或核心團隊開會，以進一步精修並發展想法、進入簡報的階段。

在東京設計師週（Tokyo Designer's Week）期間，由國際色彩行銷協會（Color Marketing Group）所舉辦的大型設計師交流之夜。

概念總結

你可能得參與數個流行趨勢會議，也可能一次就能總結出所有的想法，這往往視需要提出趨勢的範圍而定。

一旦進行研究、整合資料、發展並分析概念後，就該揚棄不必要的資料，然後將精選過的內容歸結成更明確、可讀的形式。

第114頁上的篩選問題清單，有助於概念定案；而採用下列的檢驗清單則可確保在提出（將在下一章討論）概念之前，已囊括了所有的基本要件。

* 趨勢中的每個元素都附有範例，也有適當的影像。
* 不論是概念或是影像都傳遞著明確的訊息。
* 說明性且激發想法的文字。
* 符合報告題材。
* 符合消費者的生活風格。
* 適當的歷史性研究。
* 參考的質料、色彩和印花／文飾。
* 內在或外在的支援數據。
* 一手和二次研究的組合。
* 流行趨勢團隊一致認同的焦點。

練習：
舉辦設計師交流之夜

舉辦一場設計師交流之夜（參閱第122頁），有助激發可行的流行趨勢。

找一群參與者，告訴他們需要做的事和要帶的東西。訂下時間和地點，當天從介紹這個聚會的形式，以及解釋對聚會的期待作為開始。這可能是一些有助於公司決策的影響、某個特定季節新趨勢的基礎工作，或是某個新產品或產業的市場研究。

每位參與者都要帶二十張投影片。內容可以是文章、影像、展覽明細或是評論、音樂、影片或是實體物件。

用二十秒時間展示每張投影片，讓每個報告者有足夠的時間好好說明。

歸納所有的資訊，以及過程中的關鍵調查結果做總結。是否有好些人都提出了相同的概念或是建議？是否有些關鍵主題浮現？在聚會過程中，你是否注意到什麼，其他的參與者又有什麼收穫？

國際色彩行銷協會舉辦的趨勢會議，現場有數位和實體的範例，還有追蹤概念演化的白板。

CONSTRUCTIVE
URBAN NATURE

Nui Studio

MATERIALER

Crailar / Crailar
Farvet denim / Coloured denim
Mælkefibre / Milk fibers
Modal / Modal
Skifersten / Slate stone
Økologisk bomuld / Organic cotton
Hvid marmor / White marble
Ginko blade / Ginko leaves
Bambus / Bamboo
Økologisk hamp / Organic hemp
Tørret mos / Dried moss
Ruskind / Suede
Nylon / Nylon
Bomuld / Cotton
Hør / Flax
Merino uld / Merino
Mulesing-fri uld / T
Sporbarhed /
100 % nedbry
Alger / Alg
Bambuss
Blæk /
Nano
Kom
Pa

Architecture

Maxim Maximov

6

Trend Presentation

趨勢簡報

本章將檢視許多現有不同類型的趨勢簡報和版面設計。流行趨勢只在可運用於終端使用者和他們的生意時才有用。這也是為什麼來源、影像和參考等元素會是簡報你的概念時的關鍵重點。你的報告會用在向團隊成員、組織或是機構客戶說明氛圍、美學或是產品方向。讓任何人一眼或是首次閱讀簡報時就能理解流行趨勢是很重要的。你所蒐集的所有資訊都應該要流暢地合而為一。

流行趨勢研究可以由內部的專家或是外聘的機構完成，但是兩者都需要說明他們的想法，以及為何這些想法很重要並且適用於公司。如果公司各個部門採用整體的大趨勢，就算每個部門以不同方式去詮釋適用於自己的產品類別，企業整體仍會呈現一致性。

設計師或產品開發員經常會使用一張關鍵影像去啟發他們的設計團隊，所以負責整合報告的人挑選出正確的影像至關重要。企業其他部門或許想要從報告中擷取部分研究和參考資料，供行銷或是商品視覺部門或其他相關部門做為參考。

從數位到實體，趨勢簡報可以用不同的形式呈現，正如斯堪地那維亞流行時尚研究院所展示。

Trend titles
趨勢標題

為流行趨勢命名，簡潔的歸結概念對整體性非常重要。一旦發展出你的流行趨勢，並且明確知道內容後，就需要替它下個標題。

選擇的標題要易懂，不要太長、太不知所云。標題要能歸結流行趨勢，並讓觀者秒懂趨勢內容以及目標對象。同時最好避免太顯而易見的標題，例如，熱帶、西部，這種已被用爛，而且很可能會誤導或模糊的標題。試著用文字組合出有點不同的鮮明想法或新的層次，例如，「椰影」或「未來邊境」。

當然這些文字必須讓人能夠理解與趨勢有關聯。標題必須能挑起流行趨勢的感覺，同時可以輕易地轉化──例如，是陽剛、花草、歷史感還是清爽感？是否挑起已逝的年代或未來感？流行趨勢的標題是針對任何使用者或甚至僅僅是目光掃過的人。因此，它是讓你的使用者或是客戶了解你的趨勢，同時吸引他們更進一步地去檢視你成績的關鍵工具。

你的標題必須能和你所選的影像配合，而不會和平面上的任何事物起衝突；舉例來說，不要為女性的流行趨勢挑選一個充滿陽剛氣息的標題（除非你的趨勢就是要模糊性別，如此就很恰當）。確保標題要說得通，努力避免可能會引發其他解釋的縮寫或是複合詞。

謹慎挑選標題，因為那是流行趨勢的引言。

文字

如果你在訂定標題時，能夠提供一些搭配的關鍵字，對閱讀者而言會非常有幫助。但是，這要看你想要多詳盡。一份大型趨勢報告可能有更多相關的氛圍、情緒化的敘述文字，但是一場伸展台秀或是物件的趨勢報告則會有較多關於裝飾或服裝輪廓等實際的敘述。

檢視你在最初的趨勢會議中所作的筆記，挑出有助於為標題增色，同時又能歸納總結的關鍵字。如果你在簡報、討論、開發和篩選的過程中有注意這些，這應該是個相當簡單的過程。試著不要用太多文字，同時確保它們都切題。這些文字應該要暗示在你想像中趨勢適用的產品種類，但又同時保持讓其他設計師或是客戶詮釋的開放氛圍。

添加一小段文字說明這個流行趨勢，或解釋所有頁面上的視覺要素，對氛圍、質料、產品或風格也很有幫助。

USP（Unique Style Platform）的情緒板。用關鍵字和容易理解、直截了當的短文說明流行趨勢。

2016春夏大趨勢──文化驅動力

UNEXPECTED

全新典範

時尚界在改變──風格典範、生產方式和零售模式都揚棄了傳統。

3D列印衣著
科技創造嶄新的表達方式和個性。
Elvira 't Hart

線上首見
對如雨後春筍般冒出頭的線上零售商而言，地點不如獨家優惠來得重要。
Nasty Gal Warby Parker

名人設計師
像肯伊·威斯特（Kanye West，譯註：美國知名饒舌歌手。）這樣的名人設計師已成為時尚界的重要影響人物。
Style.com – Kanye
Style.com – Yeezy
Season One

網紅
社群媒體上的名人，從部落客到模特兒都在影響著主流時尚的風貌。
AD Week – Millennial Models

無季節性
隨著全球暖化和全球化零售，商品的季節性變得越來越不重要，秋冬季的服飾看起來像春季，反之亦然。
The Independent – New York A/W 15

USP UNIQUE STYLE PLATFORM
IMAGINATION & INSPIRATION FOR CREATIVE MINDS

next

Types of trend report
趨勢報告的種類

不論你是在趨勢機構、零售商或是品牌服務或是在開發自己的產品,趨勢會議結束之後,接下來往往是一份報告或簡報,好讓你確認或分享想法。趨勢報告有數種不同的類型。報告往往針對特定的品牌或企業客製化製作,所以以下並非完整的分類清單。

微型報告

微型報告較是針對特定主題或產品的簡短、小眾或是迅速回應報告,會在短暫的時間內產生直接的影響。

大型報告

大趨勢是更大、更廣泛的現象,可能是指導企業或是品牌未來幾年方向的啟發。大型趨勢報告往往囊括了大範圍的影響,足以提供企業整體方向感,也可以在日後拆解為較小的部分,以啟發企業內的不同部門。

消費者報告

這些報告檢視終將操控每個設計產業、橫跨整個商業市場的消費者趨勢。內容可能會包括數據、一手與二次研究,同時也可能嘗試定義消費者行為的轉變。

特定主題報告

這可能是任何主題的趨勢報告,例如零售或是織品,或可能是關於任何特定物品的報告,例如某個正逐漸受到歡迎的衣著單品。

時間軸報告

Pantone 2017-18年秋冬色彩計畫,展示主推的色彩名稱和色彩分解的使用法。

這種趨勢報告追蹤某種趨勢從初次出現,到主要人口接納,直到擴展至現實的零售市場以及消費者手中的過程。

Humanoid
Paleness and sensuality join tanned tones and light, soft metallic hues.

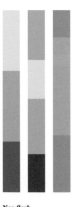

Neo flesh
Nude tones converse with clay and botanical greens to form a symbiosis between the human,

趨勢報告內容

趨勢報告可以簡短或落落長，更像是一本季節設計方向聖經，足以主宰一個企業的每個面向、要如何經營或設計。

典型的趨勢報告中，通常會有一個影像或一組影像、能歸總說明一切的情緒板。然後，你可以更深入地探索這個靈感，分成三至六個不同的部分，每個部分用於啟發不同的系列。

例如，針對色彩報告，可能會有整組色彩組合，然後分成三、四個次要色彩組合（要確定你在每個次要組合中都用到季節主色彩），然後再根據你的看法拆解成色彩運用以及更細瑣、特定產品的色彩組合。

大趨勢報告則從廣泛的季節性報告展開，然後點出三、四個特定的關鍵趨勢方向，每個方向下包含著數個聚合不同元素的單元。這些元素可以個別用於整體的主題下。

針對質料報告，可以製作總覽然後再分析其影響，例如表面處理或是質感，再檢視針對產品的應用性，以及使用性。

印花報告接收色彩和氛圍的影響，然後再分成可啟發或供印花專家使用的個別單元。

一份PeclersParis的家飾趨勢分析報告。

Types of presentation
簡報的類型

趨勢簡報可以有多種不同的形式，以下是最常見的種類。舉例說明，趨勢可以是書本、拼貼、網站、部落格、影片或圖表。現今大多數的趨勢簡報都數位化，並可透過網際網路下載。

線上

趨勢報告可以在線上設計成各種不同的形式，以適用於目標部門、品牌或是企業。任何修正均可快速上傳，跟得上發展中的趨勢或是回應來自伸展台的分析、新聞報導或是貿易展報告的資訊來源。數位簡報瞬間送抵全球、可下載、可分眾、可列印而且可翻譯，這都使得網路成為傳達趨勢報告和簡報的首選媒體。

社交媒體

社交媒體也常被用於趨勢簡報。許多應用軟體和網站的整合分享、合作及上傳的能力，正適合用作趨勢簡報。目前最常用的是Pinterest 和Tumblr，他們讓使用者透過品味、主題、風格或是靈感，來策畫自己板面的供稿來源，並且可以立刻針對限定或是私人的群眾發表。

實體印刷

實體印刷的趨勢報告是某些較傳統的趨勢機構的保守作法，原則上季節性或是每四個月出版一次，通常會有色彩組合，以及可以搭配使用的趨勢資訊。許多企業和設計師喜歡擁有印刷版的趨勢報告，但是印刷非常地昂貴，而且報告內容必須在出版之前許久就得先準備好，要冒著一出版即過時的風險。

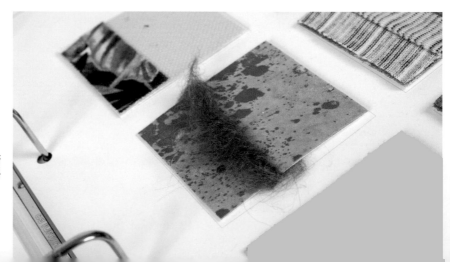

斯堪地那維亞流行時尚研究院Pej Gruppen的質料樣本書。

樣本書

樣本書裡面有許多實體的範例，通常是和色彩或質料相關。和印刷版的報告一樣，樣本書製作成本昂貴，一旦出版後就無法調整或是更新了。

簡報軟體（PowerPoint）

簡報軟體是最常用於座談會和趨勢演說的軟體了，因為能輕鬆投影供觀眾觀看。

趨勢室

趨勢室是浸潤式實體空間，大多是在貿易展中用來規整整體氛圍和趨勢。這些空間讓造訪者可以親見趨勢，並且碰觸布料、皮革或是其他的樣本，以感受展覽的重點。許多趨勢機構都會製作這種空間。法蘭克林·提爾（Franklin Till）曾為每年在德國法蘭克福所舉辦的國際家用及商用紡織品展覽會（Heimtextil）創作趨勢室；趨勢選擇（Trend Selection）則在米蘭舉行的皮革與配件雙年展（Lineappelle），策畫樣本、色彩和趨勢區域。

從上往下：2016年，法蘭克福國際家用及商用紡織品展覽會中的趨勢室；趨勢聯盟（Trend Union）所出的趨勢書。

Industry profile
David Shah
業界人物側寫：大衛‧沙

經歷

大衛‧沙是總部設於荷蘭阿姆斯特丹的觀點出版（View Publications）的創辦人。該公司出版引領國際的趨勢刊物，包括《流行紡織品》（*Textile View*）、《Pantone預測色彩企劃專輯》（*PantoneView Colour Planner*）以及《觀點》（*Viewpoint*）。沙氏擁有織品和設計顧問的經驗，並在全球各地針對設計和消費者趨勢進行演説。

流行趨勢界是如何出現的？

我在1974年左右加入《英國服裝紀錄》（*Drapers Record*）擔任布料編輯時，還沒有流行趨勢。有些從美國來的樣本書，但大多數人都是去巴黎、倫敦和米蘭採購能夠抄襲的樣本。但是與其親自派人去全世界採購，他們開始委託Here and There、大衛‧吳爾夫（David Wolfe）、Doneger等公司採購回報。然後，這種做法流傳到英國，於是耐吉‧法蘭區（Nigel French）和其他人就為客戶創辦了流行趨勢服務。

差不多就在那時，也出現了許多趨勢服務公司，新的預測者意識到透過提供客戶設計資訊，指點他們該做什麼、製作什麼，客戶可以避開犯下昂貴錯誤而省下不少錢。巴黎擁有流行趨勢的兩大貴婦，奈莉‧侯迪（Nelly Rodi）和李‧艾德寇特（Li Edelkoort），她們合作創造了流行趨勢。我覺得應該要用雜誌的形式來呈現流行趨勢。

我認為在我擔任總編輯的《國際織品》（*International Textiles*）雜誌中只提供某個生產商所製造的花卉印花一頁篇幅，實在是太老套了。相對的，我想要檢視大家在花卉印花上都如何表現。我是第一個在雜誌中採取這種做法的人，當其他人都還是從衣著來看趨勢，就只有我從布料的角度製作專題。

為什麼趨勢預測很重要？

因為沒有人不需要任何指引，不管是用英國地形測量局的紙本地圖（就像是實體流行趨勢書和情緒板）或是Google地圖（如同數位趨勢服務和線上追蹤），大家都需要地圖。你可以自己決定路線和目的地，但是你仍舊需要一張地圖。

生活風格對時尚趨勢有多重要？

對時尚趨勢而言，生活風格一直都很重要。在1980年代有幾部極具影響力的電影。例如，《遠離非洲》（*Out of Africa*）就開啟了時尚洪流，只因為主角們穿著山野背心（safari），於是大家都開始穿卡其布衣著。

現在，我們都是以消費者而非產品做為起點。這也正是關注生活風格如此重要的原因。例如，運動休閒風趨勢並不在於能穿著同一套衣著上健身房和參加晚宴，而在於讓自己更輕鬆自在，同時也提高衣著的功能性。

哪種簡報最有效率？

大家還是想要聽故事，不過他們也想要實際的市場資訊。趨勢故事仍舊重要，但是客戶也需要知道什麼當紅且新鮮，那或許不是趨勢但卻是關鍵點。他

PANTONE® VIEW

Colour Planner

AUTUMN | WINTER 2017-18

WOMENSWEAR   MENSWEAR   ACTIVEWEAR   COSMETICS   INTERIORS   INDUSTRY   GRAPHICS

們也需要知道市場的需求──一些商業、實際的元素──並且瞭解目標消費者生活風格的改變。

我們需要趨勢預測是因為大家需要宏觀視野，而現在趨勢在許多層面上都能發揮作用。它不僅僅是預測想法的浪潮，同時也會偵測新鮮且可能有商業價值的事物。

客戶需要趨勢預測提供什麼？

趨勢預測產業的未來是啟發和確認──客戶需要這兩者。你可以創造最激勵人心的簡報或書籍，但終究客戶想知道的應該還是主打黑色或是白色。趨勢方向不再是資訊，而是協助品牌和零售商了解如何運用資訊。

您對趨勢預測界新人有什麼建議？

直覺很重要，但是你還是應該要閱讀《金融時報》（*Financial Times*），因為這世界就在於金錢和看到機會。

練習：
製作一份六頁簡報

找個主題製作一份完整、不超過六頁的趨勢簡報。從你認為正在嶄露頭角的趨勢中尋找靈感，同時針對主題進行研究。自問：這股趨勢從哪裡來？這股趨勢現在發展到什麼地步？這股趨勢的未來走向？

將目標設定在選定趨勢的概覽以及啟發性上。思考提供什麼樣的資訊可以歸結這個趨勢，要讓閱讀者覺得有重要性和可行性。提出對閱讀者而言新鮮且具啟發性的想法。整份趨勢簡報應該足以自我說明，可以採用實體或數位的形式。

以下是建議的排版指南，以及在製作簡報時應謹記在心的重點。

第一頁：情緒板

* 採用相關的主要和次要影響。
* 放入實體樣本和當代的啟示，為你的趨勢增添深度。
* 納入色彩組合，如果覺得有助於增添整體的氛圍，就取個名字。
* 訂個適當的趨勢標題；你可能會想加點情緒化的文字。

第二頁：研究與參考資料

* 簡單且清楚地列出六到八個有相關性的參考研究資料、影響以及文化趨動力。均需至少五十字說明及一張圖。
* 如果採取數位簡報形式，要確認所有的影片連結都已正確嵌入。

第三頁：質料和細節

* 展示一些啟發這股趨勢的質料，以及一些對閱讀者有參考價值的細節。
* 在真人簡報時，如果相關的話，考慮將實體質料或是配飾納入。
* 數位簡報應包含樣本掃描，以及相關的影像。

第四頁：印花和文飾

* 提供一頁影響趨勢的印花或文飾。
* 挑選一系列足以引導趨勢走向不同方向的影像，以不同的方式啟發閱讀者或設計師。

第五、六頁：造型和產品

* 挑選適當的影像，或是提供自繪的產品圖樣，以說明氛圍、質料和文飾要如何轉化為你設定的產品範疇。
* 提供設定趨勢的造型影像，展現要如何從氛圍變成產品，整體的面貌以及可以搭配的方法。

花些時間在設計和編排上（參閱第137-139頁）。確認整個簡報的設計連貫，並且從頭到尾都能夠讓人理解。

Design and layout
設計與編排

趨勢報告的設計很重要，不僅要是好看的設計，帶給閱讀者的印象也值得重視。要確保報告能充分發揮它的潛力，在考量或是設計趨勢簡報的內容和編排形式時，要謹記下列要點。

* 影像是每份趨勢報告的關鍵，之前的章節中已討論過選擇正確影像的重要性。在花了那麼多時間進行研究、挑選和篩選影像後，它們應該要能發揮最大化的衝擊。
* 影像應該要經過裁切，移除任何不必要的背景或色彩。確保閱讀者只關注你希望他們注意的重點。
* 情緒板上的影像要有平衡感。避免將類似的影像排放在一起，要確認整體的色彩協調。
* 精心排放所有的元素，圖片之間的距離要一致。謹慎挑選字體大小和風格，設計要維持整體一致性。
* 設想由聆聽簡報的觀眾或使用簡報的讀者主宰簡報的風格，應該是隨興、正式或是非常專業？

《觀點》雜誌中的產品的設計和表面質感流行趨勢報告。

The growing interest in these great expanses of blue and their vital role is inspiring a new appreciation of the nuance, richness and meaning of the colour itself. As we increasingly recognise the importance and mystery of water, shades of blue will become key for 2017.

From the practical to the conceptual, the diverse range of ideas for saving water and promoting its preciousness are offering us new visions for valuing and respecting its essential life-giving properties.

* 思考簡報或報告的設計。每頁是否可以針對不同的團隊而自成單元,以在必要時可以拆解?

* 如果這是線上趨勢簡報,你是否有確保大家可以隨時增添新的內容,好讓簡報可以不斷地擴充?

* 這是否將是你「一鳴驚人」,展現能耐的簡報?如果是的話,要確認設計能撐得起來,影像奪人目光,而且你的參考資料絕無失誤。

* 如果這是要印刷並廣泛發行的簡報,要確保編排設計在A4的頁面上的效果良好。決定圖片要用特寫還是遠景,並堅持形式統一。

* 如果只是針對一、兩個人的報告,可考慮納入實體質料樣本,或實體樣品。

* 如果這是以科技為主的趨勢,簡報是否需要包括影片?若是,要確認所有的連結和影像都正確嵌入,並且能在所有格式中正常播放。

WGSN沃斯全球時尚網的鞋類產品和設計細節整體報告。

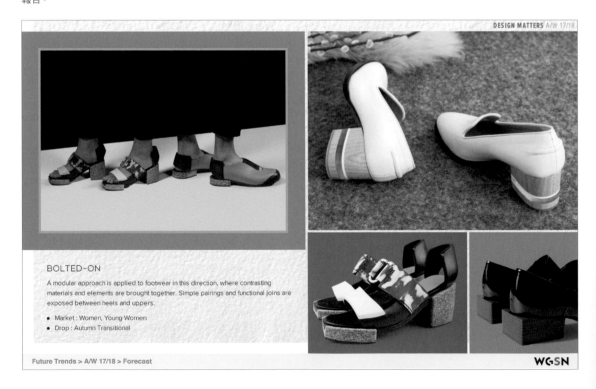

CONTEXT

*PSYCHOTROPICAL EXPLORES AN
IDEALISED NATURE OF THE FUTURE.*

In 2018, we will seek out not just the natural,
but the super-natural, either through eco-
tropical paradises or manmade wonderlands.
Environments will become 'phygital' hybrids –
hyper-textured, hyper-exotic, and hyper-
sensorial – and our focus will shift towards
experiences, as well as innovative materials
and technologies that create feelings of
euphoria and soft psychedelia. This is
escapism at its best, as we seek out and
celebrate the more sensual side of the world
around us.

1. Kenzo. 2. David McLeod. 3. Julien Colombier

WGSN

FUTURE TRENDS CRITICAL PATH S/S 18

THE VISION ■
MID-MAY

COLOUR ■

Active Colour Analysis
LATE-MAY

Active Colour
LATE MAY

Global Colour
EARLY JUNE

Colour Analysis
EARLY JUNE

Colour Evolution
EARLY JUNE

Regional Colour Comparison
MID-JUNE

Colour by Region
MID-JUNE

Beauty Colour Cosmetics
MID JUNE

Kids' Colour
LATE JULY

Men's Colour
LATE JUNE

Lifestyle & Interiors Colour
MID-JULY

Women's Colour
MID-JULY

Accessories &
Footwear Core Colour
EARLY AUGUST

FORECAST ■

Surface & Materials
Forecast
EARLY JUNE

Men's Textiles Forecast
LATE AUGUST

Women's Textiles Forecast
MID-AUGUST

Active Textiles Forecast
EARLY SEPTEMBER

Kids' Textiles Forecast
LATE SEPTEMBER

Big Ideas
LATE JULY

Active Big Ideas
EARLY JULY

Packaging Forecast
LATE SEPTEMBER

Accessories & Footwear
Hardware & Details
MID AUGUST

Performance Footwear
Forecast: Textiles & Surface
MID AUGUST

Women's Forecast
LATE JULY

Lifestyle & Interiors Forecast
LATE JULY

Men's Forecast
MID-JULY

Kids' Forecast
LATE AUGUST

Active Forecast
EARLY JULY

Knit & Jersey Forecast
LATE JULY

Accessories & Footwear
Leather & Non-Leather
EARLY AUGUST

Accessories & Footwear
Solid Materials
EARLY AUGUST

Visual Merchandising
Forecast
MID-DECEMBER

Women's Denim Forecast
EARLY SEPTEMBER

Men's Denim Forecast
EARLY SEPTEMBER

Accessories Forecast
MID TO LATE SEPTEMBER

Footwear Forecast
LATE SEPTEMBER TO EARLY OCTOBER

Jewellery Forecast
EARLY SEPTEMBER

Intimates Forecast
MID-DECEMBER

Swimwear Forecast
LATE SEPTEMBER

Prints & Graphics
Design Capsules
EARLY SEPTEMBER

KEY ITEMS ■
LATE JULY TO LATE SEPTEMBER

DESIGN DEVELOPMENT ■
EARLY TO LATE SEPTEMBER

WGSN

由上往下：WGSN沃斯全
球時尚網的季節性趨勢報
告；WGSN刊出的趨勢報
告時間表，以協助客戶了解
關鍵資訊的出版時間。

實體和數位簡報各有優缺，也各有用途。沒有不可變更的規定，可自行決定
要用哪種形式，也可同時用兩種形式呈現同一份簡報。線上趨勢報告和簡報
必須開放下載，才能儲存並收藏，最重要的是能列印給讀者看。團隊經理人
往往會分發簡報，在上面註記或標出重要、值得注意或應該要遵循的部分。

7

Trends in Practice

流行趨勢的實際運用

在你經歷過研究、精修、歸總和簡報你的概念之後，本章要探討的就是下一步：在現實中推出趨勢預測者的想法。我們檢視是誰在利用趨勢資訊，以及不同的公司、市場和部門是如何實際運用趨勢。我們也點出時尚產業和其他生活風格產業之間的互動，檢視相同的趨勢如何在不同的產業類別中展現。

一旦完成並向客戶、團隊或是企業中的其他部門正式提出趨勢預測之後，它就有了不同的生命。你的聽眾或客戶會將你定義過的趨勢，利用他們的專業轉化運用在他們的產品領域中。這可能會以多種形式進行，從應該要採購哪些產品以激勵零售環境的模樣，或是創造出一種風格和設計指南，以告知設計團隊他們應該要創作什麼，以及產品應該長什麼模樣。

時尚企業並非唯一利用時尚預測的產業。許多先導的科技、設計、消費產品、運輸、汽車和其他的公司，都使用時尚預測去啟發自己產品類別中的新想法，同時確保自己比消費者早一步想到他們的需求。畢竟，時尚消費者不僅僅購買時尚而已，同時趨勢產業所進行的深度分析，有助於標記出在其他領域中改變的態度。

設計師胡笙・奇拉揚
（Hussein Chalayan）的
2000年秋冬系列，其中包
括模糊時尚和產品設計差
異的「茶几洋裝」。

How companies use trends
企業如何使用趨勢

每間公司以不同的方式利用趨勢；市場上許多公司往往以不同的方式詮釋相同的趨勢。他們運用趨勢於自家產品的方法可能會有很大的差別，端賴個別設計師如何詮釋趨勢，以及這股趨勢與這家公司關聯性高低，以及公司認為在市場上的銷售性。價格、目標客戶側寫、零售形式以及品牌形象，都會影響趨勢被詮釋的方式。

鬚邊牛仔布

這股流行毫無疑問是在2010年代中受到1990年代風格復甦的啟發，少數幾個品牌開始生產以牛仔布為主體的系列，改變了「牛仔布風貌」。在這股趨勢中扮演關鍵角色的倫敦品牌馬克思艾米達（Marques'Almeida），讓鬚邊成為他們設計中不可或缺的一部分。這股風潮隨後擴散，他們也和Topshop（譯註：英國著名休閒服飾品牌）聯手生產消費者較容易入手的牛仔系列，將這股趨勢推入大眾市場。許多品牌都採用了相同的風格，利用相同的簡單細節，以各種方式重新設計。這個造型的最新面貌，為巴黎高級時尚品牌唯特萌（VETEMENTS）將復古牛仔布以巧妙的板塊和不對稱形狀重製，並為這個已被廣大市場抄襲的細節創造了「唯特萌邊」此一名詞。

由上按順時針方向：2011年，馬塔‧馬克思（Marta Marques）和保羅‧艾米達（Paulo Almeida）的中央聖馬丁學院（Central St. Martins）畢業作品；2016年，米蘭男裝週費拉格慕（Ferragamo）秀場外；2014唯特萌秋冬系列；2016年英國平價潮牌New Look推出的涼鞋。

對頁自左上按順時針方向：2014年，來自瑞典的急救箱樂團（First Aid Kit）；2016年科切拉（Coachella）音樂祭；1986年，羅蘭愛思（Laura Ashley）婚紗；2016年，米蘭春夏季Philosophy di Lorenzo Serafini系列。

草原風

自1870年代開始，草原衣著這個原創風格，便一直間歇性地流行。在1970年代中，以1870年代為背景的電視影集《草原上的小木屋》（*Little House on the Prairie*）的走紅，更將這種衣著重新帶入大眾意識中。因為這風格完美地符合當時的飄逸嫵媚和花卉模樣，讓許多高級時尚品牌採用這種風格為靈感。在1970～80年代之間，英國品牌羅蘭愛思就以草原風奠定品牌生意。此後草原風格曾一度過時。2013年，來自瑞典的急救箱樂團（First Aid Kit）姊妹花Klara & Johanna Söderberg，又賦予這種風格新生；在過去數十年間，草原風曾出現在Philosophy到Chloé的伸展台上。自從草原風成為每年一度的科切拉音樂祭的主要風格後，許多大眾品牌也推出類似的系列。

自左上按順時針方向：英國設計師艾莉‧凱佩利諾（Ally Capellino）作品集中的影像，選自與哈克尼區的玻璃屋沙龍（Glasshouse Salon）合作的2015春夏系列；2013 Simone Rocha秋冬系列；威斯特在2016年紐約時裝週展示他的品牌Yeezy第二季的春夏裝。

趨勢如何被運用在多種產品和行業

在這個Instagram和Pinterest觸手可及的世界，產品的影像和趨勢散播的速度飛快，讓製造商和設計師可以輕易、快速地跟上趨勢。這導致趨勢在多種行業中擴散，相同的趨勢往往可見到許多不同的形式表現。以下是兩股趨勢從單一品牌或產品類型擴散到更廣泛領域的案例。

首先，是粉紅色。自從2010年以來，粉紅潮流已散播到美髮產品、外套、配件等許多不同的市場中。粉紅色氾濫到肯伊‧威斯特（Kanye West）把它當作2015年第二季推出的Yeezy系列的中性色，顯現流行趨勢在演化成全

自左上按順時針方向：吉兒‧桑德（Jil Sander）的2008秋冬男裝；Native Union推出以真的大理石製成的iPhone 6機殼；2016年，由藝術家Kia-Utzon-Frank所組成的KUF工作室（KUFstudios）製作的蛋糕，蛋糕以大理石紋的杏仁蛋白霜覆蓋；葛莉絲‧韓福瑞思（Grace Humphries）的葛莉絲美甲所推出的大理石甲飾。

新、更獨特的形式之前，會先大量地在主流市場中出現。

第二個趨勢範例是大理石紋。起初它被視為米蘭國際家具展（Milan Furniture Fair）雕塑和家具中的趨勢，之後卻被時尚、製鞋業、科技業所借用，然後在接下來的幾年間又回到室內裝潢中（不過大多是以印花呈現）。

Industry profile Helen Job

業界人物側寫：海倫・喬布

經歷

海倫在WGSN仍是唯一主要的趨勢預測機構時，開始她的音樂與時尚記者生涯。搬到紐約之後，她教授趨勢預測，並在數個大型機構和品牌中擔任顧問，包括火鶴青年網（Flamingo Youth Network）。目前她擔任火鶴青年網的文化情報長。

您用什麼方法進行趨勢研究和預測？

我在這個行業已經工作十多年了，我的手法改變了許多。我一開始是在現場報導趨勢，帶著相機四處跑，在音樂祭和俱樂部裡街拍。比較接近文化浸潤的方式。現在的想法是可以看著東京的流行趨勢，然後預測斯德哥爾摩的街頭時尚變化，因為一切都在同步發生中，而資訊廣泛地被分享。

我的事業有些轉折。我現在比較像是在進行文化分析——吸收大量的資訊，在文化界中淘取微妙的變化，並為客戶辨識空白空間的機會。我覺得自己現在的角色比較不是趨勢預測者，越來越像是個趨勢翻譯，以及改變的促進者。

您是否有特定的方法？

我總是對新方法感興趣，並結合不同的方法，為客戶發展出最貼切的研究計畫，然後用結果來進行實驗。重要的是我們的工作成果有實際用途，並且可以嵌入客戶的思考和計畫、內部與外部的策略。

多數情況下，我們從「假設」評估做為起點：客戶目前在文化界的位置在哪裡？誰是他們的競爭對手？這些可能是跨產品類別的假設，例如青少年是否花較少錢買衣服，花較多錢買拿鐵？他們對自己品牌有哪些擔憂和野心？我對正在發生的情況以及改變的方向，提出一些刺激和假設前提。接下來，我會對這些前提進行壓力測試，向專家和意見領導請益，看看我的直覺是否正確。

在過程中，我看到機會——辨別出的趨勢方向是會通往被品牌忽略或是有消費成長需求（就算消費者還沒意識到）的地方，然後品牌即可帶著解決方案或是產品介入。

無論是社會、文化或是美學，您覺得產業中的哪個部分最能啟發您的工作？

我的事業大多都建立在青少年市場上，而且那仍舊是最讓人興奮的領域。我執迷於發掘次文化和新音樂類型，以及從這些不同的風景中產生的出版品和作品。我認為這是因為，這是移動速度最快的領域，也是許多主流趨勢的原生點，尤其在前衛的年輕影響人物身上。

在專業或個人方面，您採用那些趨勢預測服務？

我沒有訂購任何趨勢預測服務，但是我大量閱讀新聞剪報，並且基於興趣，順便檢驗我的想法，我會參與許多產業座談會。我一定閱讀《蛋白質》（Protein）並且參加《未來實驗室》（Future Laboratory）的趨勢簡報。我全心支持趨勢公社的成立，分享想法讓大家更能有效地服務客戶需求，而且我很樂意在工作上與其他的研究和創意機構合作。

您覺得時尚界使用流行趨勢的方式有改變嗎？

我覺得客戶想要的是量身訂製的完整研究。現在所有大機構都提供顧問服務。當存在那麼多的免費資訊時，時尚品牌必須了解的是「這對我有什麼意義？」，以及更重要的是「我要如何在這過度擁擠的市場中，保持競爭力？」。我也認為在二十四個

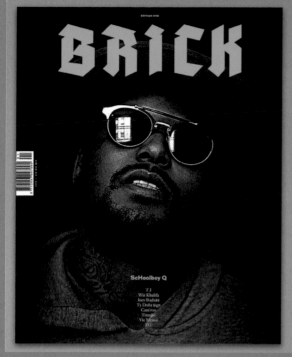
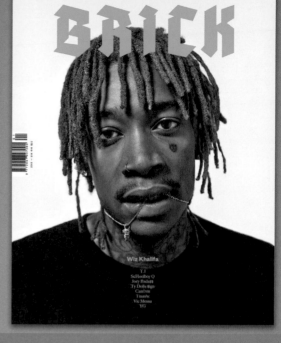

《Brick》（磚頭）是新嘻哈文化的代表性音樂和生活
風格出版品，也是海倫‧喬布的靈感來源。

月前提出預測，以及針對季節性的思考已經過時
了。現在變化是多麼地迅速，根本就難以預測、跟
上腳步。最好是專注於真正棒的產品，了解不斷改
變的產品條件，並促成你的消費者生活環境。

什麼最能啟發您的靈感？
答案很老套，不過就是人和地。沒什麼能比得上投
入嶄新的城市或是社區，和擁有引人入勝想法的人
物交談，更讓我感到快樂或是興奮了。我熱愛學習
新鮮事物。我猜這八成是我至今仍從事這行的原
因。

**網站、部落格、書籍、地點、物件⋯，哪一項是您
不可或缺的工具？**
Slack和AirTable！我每天最大的挑戰就是組織整理
腦子裡嗡嗡作響的思緒。這兩個軟體改變了一切。
Slack讓我能整理思緒，並以主題連結起來；
AirTable則可以追蹤我所有的計畫和與專家人脈。

除此之外，我愛雜誌——在任何城市中，逛書店就
是我最喜歡的活動；意外發現新的青年刊物簡直就
是奢華的享受。當然，還需要漂亮的筆記本和筆，
最好是日本製的！

**請描述您目前的工作，並解釋流行趨勢在其中所扮
演的角色。**
我目前領導擁有多元、出色客戶的國際研究機構
「火鶴」的文化情報團隊。文化情報追蹤塑造未來
的改變、趨勢和想法，協助企業和品牌利用這些變
化。我們辨別出相互衝突的文化張力，以偵測文化
變化的波動。我們並不自稱趨勢預測者，但是透過
觀察這些變化，就可以開始預測改變的方向。

就個人的觀點而言，我也會關注業界的趨勢，以確
保我們的服務對客戶而言是新鮮並令人興奮。在這
產業中，保持創新並確保體現自己所鼓吹的趨勢是
必要的。

How do lifestyle trends play out in the fashion arena?
生活風格趨勢如何展現在時尚領域？

時尚和生活風格趨勢之間一直有著共生的關係，近年來關係更是益發緊密。品牌跨界合作是一種展示方式，由不同行業的品牌結合在一起。品牌與那些希望獲得信譽和市場進入機會的品牌合作；雙方都透過分享消費者基礎來尋求潛在的利益。

本頁：2015秋冬季，Barbour for Land Rover。

對頁自左上按順時針方向：1967年法國時尚品牌帕可·哈班（Paco Rabanne）由金屬環連結輕質金屬片製作的洋裝；萊斯特·貝爾（Lester Beall）在1959年設計的未來音響原型（未生產）；1968年出品的電影《2001太空漫遊（2001：A Space Odyssey)》中一景。

瑞典美妝品牌Face Stockholm和銳跑（Reebok）合作，在2015和2016年，分別推出了限量版球鞋。另一方面，英國百年名牌Barbour和荒原路華（Land Rover）在2014年聯合出手，前者借了後者的「酷」勢，而後者則因合作確立了可靠的形象。更多關於時尚、文化和生活風格之間的互動，請參閱第四章。

太空競賽

長久以來消費者對於新科技和休閒的著迷，一直影響著時尚趨勢。太空旅行的夢想於1957年由蘇聯太空船史波尼克（Spuntnik）實現，並在1962年美國太空人約翰‧葛倫（John Glenn）繞行地球之後更蔚為流行。這在當時大大影響了全球流行文化、電影和交通運輸，而時尚界當然也不能免除。

透過閃閃發光的金屬和塑膠，極簡、幾何的服裝輪廓，設計師如安德烈‧庫雷熱（André Courrèges）、皮爾卡登（Pierre Cardin）、帕可哈班（Paco Rabanne）以及魯迪‧葛恩萊賀（Rudi Gernreich）等，將對太空旅遊的遐想轉化為高級時尚。這些設計看起來具有保護性、科技感和未來感，並且完全符合1960年代時期瀰漫的創新、反傳統的氛圍。庫雷熱在1964年首度推出受到太空啟發的系列，這股充滿冒險、進步的理想轉換為未來感的時尚趨勢，一直延續熱燒到1960年代中期。

運動休閒

近年來，生活風格趨勢影響時尚最顯著的範例就是運動休閒風。當大家越來越注重健康時，某些運動品牌如SoulCycle和CrossFit贏得矚目，而趨勢預測家也觀察到這對時尚趨勢的衝擊。他們看到人們比過去更樂於展現出自己活躍的生活型態，也願意一整天都穿著運動服飾，而不僅僅是運動前後而已。這造就小眾品牌，如Lucas Hugh和Outdoor Voices以設計為出發點創造運動服飾，讓消費者能在休閒的時候也能穿著時尚感十足的衣著。這種趨勢成為極受歡迎的產品類型，消費者對設計的期待變高，引導著自時尚運動網（Net-a-Sporter）到H & M，各個階層的零售商相繼推出運動休閒風產品。

練習：
追蹤趨勢

挑選一個你覺得正在興起的趨勢，追蹤它跨越不同市場和行業的演化蹤跡。你可以追蹤從時尚界興起然後進入其他生活風格類型的趨勢，或是追蹤一個從它處移入時尚界的趨勢。

可以囊括來自室內裝潢、休閒、旅遊和交通運輸、健康和美容、科技和飲食方面的例子。

問問自己以下的問題：
* 它是從何處開始？
* 它是如何被運用到不同的產品上？
* 自從初見之後，是否有改變產業。例如，是否從時尚趨勢變成美妝趨勢？
* 將這趨勢應用到新的產品上，會吸引更多的群眾嗎？
* 你預測它下一步會往哪發展？
* 你覺得這是一個新興的趨勢、短暫的流行還是經典（參閱第53頁）？
* 你覺得它為什麼有能耐跨越多種產品行業？

展示自每個產品類別中挑出的影像，從趨勢的浮現、演化和進入主流。用研究和參考範例來支援你的看法。

對頁由左至右：2016年，盧卡斯·修服飾；H & M和瑞典奧運代表隊合作，於2016年7月推出的For Every Victory運動系列。

上圖：Onzie 2016秋裝。

Conclusion
結論

時尚趨勢預測是個有著實際商業結果的創意行業。如果你能平衡靈感的元素，如新的想法、好奇心和創意思考，與透徹研究、目標消費群和他們的生活風格的現實，並識別出產品需求，就能創造出豐沛、令人興奮的流行趨勢，並且減少零售業者和品牌的風險，並啟發設計出消費者熱愛的產品。

我們覺得流行趨勢預測是一種藝術和一門科學。它需要想像力和原創性，一如嚴謹的分析和透徹的研究。透過了解時代精神的變化，以及因之產生的趨勢發展，你將做好創造、銷售新產品的準備，並且具備洞察世界變化的慧眼。

我們期待本書中的洞見、練習和建議，有助於你創造考慮周詳的流行趨勢，創造出日新又新、引人入勝的時尚產品。流行趨勢的過程需要時間、練習和經驗。我們希望已經提供你足夠的技能和鼓勵讓你進行自我嘗試。

於Stylus討論情緒板。

Glossary 時尚名詞小辭典　　　　　　　

athleisure 運動休閒服：可穿著於任何時間、不僅限於運動時的運動服飾。

baby boomer 嬰兒潮世代：出生於第二次世界大戰後，出生率暴增的世代。嬰兒潮世代目前已進入退休年齡。

banner advert 橫幅廣告：一種嵌入網頁的廣告。

Belle Epoque 美好年代：第一次世界大戰之前一段生活安定又舒適的年代。

brand worth 品牌價值：在行銷界中往往用來形容一個品牌為公司產品和資產所帶來的附加價值，亦稱為品牌資產（brand equity）。

bubble up 浮升理論：小眾團體的美學、風格和次文化從地下浮升，進而影響到主流趨勢的理論（亦稱為逆滲流理論trickle up）。

CADs 電腦輔助設計：用於趨勢報告和簡報時的圖表。

category collection 主題系列：一種圍繞在特定主題的系列，例如泳裝。

CEO 執行長：往往是公司內最高階職務。

celebrity stylist 名流造型師：為社會名流打點公開場合中的衣著服飾的時尚造型師。

chemise à la reine 皇后襯裙裝：由白色細棉製成的束腰洋裝，因法國安東尼皇后而聞名。

churidar 窄褲：印度語詞彙，南亞傳統的緊身長褲。

classic style 經典風格：受到普遍喜好並且風行超過一個世代以上的流行，例如風衣或是牛仔褲。

colour cards 色卡：由法國紡織廠（主宰巴黎流行，並進一步影響美國的時尚）所出，發配給美國製造商和零售商的色樣。

colourway 配色：可用於某種風格或是設計的色彩組合。

comp shopping 比較採購：由零售商進行，比較競爭對手是如何利用主要流行趨勢的採購方式。

consumer insight／consumer data 消費深度分析/數據：關於消費者品味和期待的變化的相關資訊，用於形成未來的流行趨勢。

diffusion-of-innovation theory 創新擴散理論：由埃弗雷特‧羅傑斯（Everett M. Rogers）提出，說明趨勢如何從少數創新者擴散出來，最後抵達晚期大眾繼而消失的理論。

ennui 無趣：不滿意。

e-tailer 零售電商：網路上的零售商，俗稱購物網站。

exoskeleton 連身動力服：根據玩家的姿勢、行動速度以及其他可感應的資訊，產生各種不同回應的遊戲裝備衣。

fad 熱潮：壽命期非常短暫的流行趨勢。

fashion plate 時裝插畫：展示或廣告新流行時尚的插畫，廣泛採用於彩色攝影出現之前。

fashion stylist 時尚造型師：為攝影、廣告或編輯內容的照片而創作、搭配服飾的專人。

fast fashion 快速時尚：因智慧型生產模組，得以抄襲伸展台上的衣著，並可在短短數週之間出現在全球的商店中。

flapper style 飛來波風格：1920年代時髦女性的流行風格；飛來波風洋裝沒有腰線，提供了較早時期的時尚所欠缺的活動自由。

gender neutral 中性：適用於兩性；在流行時尚中，意味著男女皆可穿的衣著。

Georgian period 喬治王時代：1714年至1830年間，喬治一世至四世統治下的英國。

Grand Tour 壯遊：18世紀時上流社會年輕人的歐洲文化之旅，做為教育養成的一部分。

kurta 庫塔裝：南亞的傳統寬鬆、無領衫。

lookbook 作品集：展現模特兒、攝影師或某種風格、某個造型設計師或服飾系列的攝影集。

macaronis 通心粉：（名稱起源於經歷過異國壯遊，吃過義大利通心粉）意指18世紀中期穿著受到異國時尚影響的誇張服飾。

macro trend 大趨勢：受到於娛樂、文化、飲食、

科技和設計影響的生活風格趨勢。

microblog 微部落格：針對極短貼文所設計的部落格，可以包含文字、影像或是影片。例如，推特、Tumblr和Pinterest。

millennials 千禧世代：出生於1980年後、並在本世紀初成人的世代；有時亦稱為Y世代。

mood board 情緒板：將影像、素材和文字聚集在一起，以喚起某種特定的風格或是概念。

New Look 新風貌：第二次世界大戰之後，由克里斯汀・迪奧（Christian Dior）所推廣的衣著風格，特色是打摺長裙和顯著的腰線。

overlasted platforms 防水台高跟鞋：一種前端增厚的高跟鞋，讓高跟鞋穿起來更舒適，但又不會看起來像麵包鞋。

pattern grading 版型縮放：調整衣著尺寸大小、同時保持原始衣著比例的方法。

PESTLE分析法：影響消費者生活風格的政治、經濟、社會、科技、法律以及環境等要素分析的縮寫。

portmanteau word 複合詞：將兩個詞的聲音和意思組合在一起成為新詞，例如：「汽車旅館」（motel = motor + hotel）與「早午餐」（brunch = breakfast + lunch）。

PR（public relations） 公關：同時指負責為代表的品牌爭取曝光率的人和職務。例如，說服記者在雜誌中介紹自家產品的職位與職務本身。

product life cycle 產品生命週期：產品銷售的起落，同時也延伸至流行趨勢的興衰。

range building 系列產品建立：在同一主題中，擴展一系列能夠協調搭配使用的產品。

salwar 莎爾瓦寬褲：波斯語和烏爾都語中的長褲。

silhouette 服裝輪廓：衣服穿在身上的基本輪廓線條。

smart data 智慧數據：針對特定需求或是目標分析並過濾後的數據。

smart production 智慧型生產模式：一種採用先進資訊和科技的製作生產模式。

street report 街頭時尚報導：將街頭風格的影像歸類為易懂的組別和視覺趨勢。

streetshot 街頭影像：非正式的攝影風格，往往是在街頭取景的自然抓拍。

style tribes 風格族群：因特定風格而成族群的人，往往被視為與主流不同。

sumptuary law 奢侈法：一種限制或禁止個人消費的法律，往往應用在衣著的型態上。

talons rouges 紅跟高跟鞋：法王路易十四規定僅有上流階層才可穿著的高跟鞋。

tearsheets 剪報：從雜誌或報紙上剪下的剪報。

trend cycle 趨勢循環：在數十年間、尤其經過一個世代之後，趨勢退潮之後又捲土重來的模式。

trend reporting 趨勢報告：一種檢視零售商、銷售數據和消費者媒體之後，描述當前市場的方法。

trend rooms 趨勢室：一種讓消費者能身歷其境地感受要傳達的流行趨勢的實體、浸潤式空間。

trend tracking 趨勢追蹤：對當前產品的實時監控；在時尚界中這包含了色彩、質料和服裝輪廓。

trickle across 涓滴擴散理論：一種流行趨勢可同時在市場的各個層面都出現的理論（相對於浮升和滴漏理論）。

trickle down 滴漏理論：一種認為社會高階人士所採用的流行趨勢，會向下滴漏至各個不同階層的市場，並影響社會底層的衣著的理論。

trickle up 逆滲流理論：參閱「bubble up浮升」。

trunk show 非公開發表會：在產品上市之前，在零售點或是其他地點（如飯店客房內），銷售者將商品直接展示給零售業者或是消費者的活動。

visual merchandiser 視覺陳列專員：設計櫥窗或樓層，或決定店內平面布置的專人。

zeitgeist 時代精神：德語詞彙，時代的精神。

Key trade shows

Bread & Butter, Berlin
Fashion
Biannual
www.breadandbutter.com

Consumer Technology Association (CES), Las Vegas
Technology
Annual
www.ces.tech

Heimtextil, Frankfurt
Materials
Annual
heimtextil.messefrankfurt.com

Lineapelle, Milan
Leather
Biannual
www.lineapelle-fair.it

Maison&Objet, Paris, Singapore, Miami
Interiors
Annual
www.maison-objet.com

Milan Furniture Fair, Milan, Moscow, Shanghai
Interiors
Annual
www.salonemilano.it

Pitti Filati, Florence
Materials
Biannual
www.pittimmagine.com

Pitti Uomo, Florence
Menswear
Biannual
www.pittimmagine.com

Premiere Classe, Paris
Accessories
Biannual
www.premiere-classe.com

Première Vision, Paris
Textiles
Biannual
www.premierevision.com

Key events

The Armory Show, New York City
Arts
Annual
www.thearmoryshow.com

ArtBasel, Basel, Miami Beach, Hong Kong
Arts
Annual
www.artbasel.com

Cannes Film Festival, Cannes, France
Film
www.festival-cannes.com

Dutch Design Week, Eindhoven, Netherlands
Design
Annual
www.ddw.nl

Frieze, London, New York
Arts
Annual
frieze.com

London Design Festival, London
Design
Annual
www.londondesignfestival.com

South x Southwest (SXSW), Austin, Texas
Technology, marketing
and entertainment –
Annual
https://www.sxsw.com/

Sundance Film Festival, Park City, Utah
Film
Annual
www.sundance.org/festival

Venice Biennale, Venice
Arts
Biennial
www.labiennale.org

Further reading

Brannon, E L and Divita, L R. *Fashion Forecasting*, 4th edition (2015), Fairchild Books

Cassidy, D and T. *Colour Forecasting* (2005), Blackwell Publishing

Kim, E, Fiore, A M, and Kim, H. *Fashion Trends: Analysis & Forecasting* (2011), Berg

McKelvey, K and Munslow, J. *Fashion Forecasting* (2008), Wiley-Blackwell

Polhemus, T. *Street Style* (2010), Pymca

Raymond, M. *The Trend Forecaster's Handbook* (2010), Laurence King Publishing

Rousso, C. *Fashion Forward: A Guide to Fashion Forecasting* (2012), Fairchild Books

Scully, K and Johnston Cobb, D. *Colour Forecasting for Fashion* (2012), Laurence King Publishing

Sims, J. *100 Ideas that Changed Street Style* (2014), Laurence King Publishing

Index

Page numbers in **bold** refer to pictures

Picture credits

The publishers would like to thank the following for their help and contribution to this book.
a = above, b = below, l = left, r = right

Pages 2, 6 Unique Style Platform; 8 Transcendental Graphics/Getty Images; 11al Ray Stevenson/REX Shutterstock; 11ar Retna/Photoshot; 11b IPC Magazines/Picture Post/Getty Images; 12a Walker Art Gallery, Liverpool/Wikimedia Commons; 12b Tim Rooke/REX/Shutterstock; 13 Louvre Museum, Paris/ Wikimedia Commons; 15al Virginia Turbett/Redferns/ Getty Images; 15ar Guildhall Library & Art Gallery/ Heritage Images/Getty Images; 15b Miguel Juarez/The Washington Post/Getty Images; 15c Burton Berinsky/ The LIFE Images Collection/Getty Images; 16a buzzfuss/123RF.com; 16bl Everett Collection/REX/ Shutterstock; 16r Ebet Roberts/Redferns/Getty Images; 17a Han Myung-Gu/WireImage/Getty Images; 17b Private Collection/Bridgeman Images; 18 Bravo/NBCU Photo Bank via Getty Images; 19 Moviestore Collection/Alamy; 20l ACME Imagery/ Museum of Fine Arts, Boston/SuperStock; 20r Stefano Tinti/123RF.com; 21l Roger-Viollet/REX/Shutterstock; 21r John Twine/Daily Mail/REX/Shutterstock; 23al WGSN; 23ar Fashion Institute of Technology – SUNY, FIT Library Special Collections and College Archive; 23b, 26 Peclers Paris; 24 Color Association of the United States; 28 Pej Gruppen; 29 Martin Beureau/AFP/Getty Images; 30 Buckitt, photo Alan Burles; 33 Christian Vierig/Getty Images; 34 Pinterest, Inc; 34 www.quartermastertrends.com, @ quartermastertrends; 40, 41 © Stylus Media Group 2016; 42, 43 courtesy Ingrid de Vlieger; 44 Amy Leverton, photo Sadia Rafique; 45 Amy Leverton, photographed at Evan Kinori, San Francisco; 47 Scout; 48 courtesy Yasemin Cakli, @yaz_menswear/photo Simon Armstrong; 52 Justin Tallis/AFP/Getty Images; 54l Startraks Photo/REX/Shutterstock; 54r Bob Daemmrich/Alamy Stock Photo; 56 www.view-publications.com; 57 Alex Segre/REX/Shutterstock; 60 Dave M Benett/Getty Images for Burberry; 61 Mustafa Yalcin/Anadolu Agency/Getty Images; 62 Charles Sykes/REX/Shutterstock; 63 Jeremy Sutton-Hibbert/Alamy Stock Photo; 64 Melodie Jeng/ Getty Images; 66 courtesy Aki Choklat, photo Ruggero Mengoni; 67 courtesy Aki Choklat. À Paris by The Style Council © Polydor Records, 1983, photography Peter Anderson; 68 Timur Emek/Getty Images; 70 photo Giulia Hetherington, with thanks to Magma, London WC2; 72 Giulia Hetherington; 73 Venturelli/Getty Images for Gucci; 74 Victor Virgile/ Gamma-Rapho via Getty Images; 75 Julien Boudet/ BFA/REX/Shutterstock; 76 Rosie Sparks/House of Hackney; 77 Salone del Mobile, Milano, photo Saver Lombardi Vallauri; 78 Peabody Essex Museum, Salem, Massachusetts, photo Walter Silver; 79l Jim Dyson/ Getty Images; 79r Cyrus Kabiru in collaboration with Amunga Eshuchi, Big Cat, C-Stunners Photography Series, courtesy Ed Cross Fine Art; 81 UsTwo.com; 82l Heimtextil/Frankfurt Messe/Pietro Sutera; 82r Unique Style Platform; 83 Chris Saunders, courtesy PAPA Photographic Archival and Preservation Association, Kapstadt/Cape Town; 84 WeWork.com; 86, 87 Pej Gruppen; 89l & r Rae Jones; 91 courtesy Isabel Brooke, instagram @sapelbr; 93a courtesy Katie Ann McGuigan, www.katiemcguigan.com, instagram @k_a_ mcguigan; 93b courtesy Constance Blackaller, www. constanceblackaller.com, instagram @ceblackaller; 94a Bloomicon/Shutterstock; 94b Pej Gruppen; 96 Amy Leverton, hand-painted denim by Ornamental Conifer; 99 DSerov/Shutterstock; 101 Unique Style Platform/© Pantone LLC, 2017; 102 courtesy Fashion Design Institute of Design & Merchandising, Los Angeles; 103a © The Estate of John Hargrave/Museum of London; 103b Victoria and Albert Museum, London; 104 Northampton Museum and Art Gallery; 105 Peter Macdiarmid/Getty Images for The Hepworth Wakefield; 106, 107, 113 EDITED; 109 STS/wenn.com; 111 Mintel Group; 112, 113 Unique Style Platform; 116a & b courtesy Suna Hasan; 117 courtesy Suna Hasan. Tableware from the Solar Collection by Suna Hasan; 118 martiapunts/Shutterstock; 119, 120, 126, 128 Pej Gruppen; 123 PechaKucha, photo Michael Holmes; 124 Color Marketing Group; 129 Unique Style Platform; 130 from Pantone® View Colour Planner A/W 2017-18, www.view-publications.com; 131 Peclers Paris; 132 Pej Gruppen; 133a Heimtextil/Frankfurt Messe/Pietro Sutera; 133b Fred Causse for Trend Union; 134, 135, 137 www.view-publications.com; 138, 139a & b WGSN; 140 Steve Wood/REX/Shutterstock; 142 Tinxi/Shutterstock; 142a Marques'Almeida, marquesalmeida.com; 142bc Vetements, photo Oliver Hadlee Pearch, vetementswebsite.com; 142bl New Look, newlook.com; 143al photo Neil Krug/Sony BMG/Wikimedia Commons; 143ar WGSN; 143b Laura Ashley; 143c Anton Oparin/123RF.com; 144al photo Agnes Lloyd Platt for Ally Capellino; 144ar Eamonn McCormack/ Getty Images; 144b Randy Brooke/Getty Images for Kanye West Yeezy; 145ac Native Union; 145l Olycom SPA/REX/Shutterstock; 145ar Kia Utzon Frank, photo Owen Silverwood; 145br Grace Humphries, @ nailedbygrace, nailedbygrace.tumblr.com; 146 courtesy Helen Job; 147l BRICK magazine, @brickthemag, brickthemagazine.com, photo of ScHoolboy Q by Alexandra Leese; 147r BRICK magazine, photo of Wiz Khalifa by Neil Bedford; 148 Land Rover; 149al UPPA/ Photoshot; 149ar Bettman/Getty Images; 149b Archive Photos/Metro-Goldwyn-Mayer/Getty Images; 150 H&M Hennes & Mauritz, hm.com; 150 Lucas Hugh, LucasHugh.com; 151 Onzie, @onzie, www.onzie.com; 153 © Stylus Media Group 2016.